本书为北方工业大学优势（建设）学科项目（编号XN081）的研究成果

基于生态视角的
高新技术产业开发区健康管理研究

Research on Health Management of Hi-tech Industrial Development Zone Based on Ecological Perspective

张淑谦/著

中国财经出版传媒集团

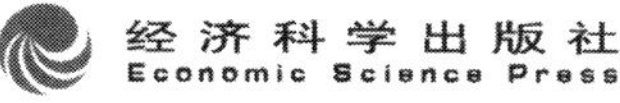

序 言

Preface

我国国家级高新技术产业开发区创立和发展已三十余年，其对我国经济社会发展和国家创新体系的建设做出了重要贡献，已经成为我国经济增长的主要支撑和赢得国际竞争力的主要依靠力量，也是引领和带动我国经济发展方式转变和社会形态转型的动力引擎。面对国际全球化和市场经济的挑战，加快高新技术产业开发区发展是实现国家经济快速高效发展的重要途径和关键举措，也是实现创新型国家战略的主要载体。

随着我国加快落实创新驱动发展战略，主动适应和引领经济发展新常态，大众创业、万众创新的新浪潮席卷全国。2015 年，在瑞士达沃斯世界经济论坛年会上，国务院总理李克强提出：中国经济进入新常态，经济由高速增长转为中高速增长，发展则必须由中低端水平迈向中高端水平。为支持“双中高”，他提出了培育打造创业创新的新引擎和改造升级传统引擎“双引擎”，让中国经济行稳致远。为了加快我国高新区对接“创业中国”，促进创新创业要素资源充分流动，培育各类创新主体，完善创新创业服务体系，我国国家级高新区的健康发展面临着新的挑战和机遇。

随着互联网和社交化外部环境的出现，企业生存环境发生了根本变化，单一企业的视角已不能够有效应对外部环境的变化。我国高新区要用创新生态圈的视角，走开放创新之路。同时，必须对外部的资源进行全面的开放和链接，而这种开放链接需要的载体就是创新生态圈。创新生态圈可以创造全新的价值、带来颠覆式力量。抓住互联网机遇，跨界融合促进高技术产业的创新发展，实现我国高技术企业的爆发式、可持续式的成长，就应该把握开放链接的本质，利用创新生态圈多样化的合作力量，使区域、产业、企业在生态圈经济环境下开放共生、创新发展，从而保证我国高新技术产业开发区的健康发展。

高新技术产业开发区的健康发展是我国高新技术产业开发区赖以生存和发展的根本，是我国高技术创新及其商业化、产业化发展的重要保障，是实现我国经济社会可持续发展的基石。创新全球化的规律是全球链接和辐射，最关键的是技术链接、资本链接、产业链接。我国高新技术产业开发区创新生态圈的核心，是形成所在区域和所在产业的生态圈基本架构，使创新型高技术企业和创新型的高技术园区形成深度的战略合作机制，健康发展。强大辐射是高新区健康发展的原因，高端链接能够链接全球创新高地、吸引跨区域创业、建立人脉链接、推动跨国技术转移，从而让我国高新技术产业开发区再次成为“互联网+”时代下引领我国经济社会发展的新引擎。

本书针对目前我国国家级高新技术产业开发区发展现状，以生态系统健康理论及其相关理论为依托，对高新技术产业开发区系统健康的基本理论和基本方法进行了探讨，通过对其系统活力、组织结构（高新技术行业的多样性）和抵抗力的分析研究，构建了我国国家级高新技术产业开发区系统健康评价模型，探讨了我国高新技术产业开发区发展管理对策。

作　者

2016年10月

摘 要

在高新技术产业开发区的研究领域，系统健康状态的评价研究是一个涉及系统可持续发展的、全新的前沿课题，也是我国理论与实践比较薄弱的环节。本文在对国内外高新技术产业开发区相关研究现状及发展进行综述的基础上，运用生态系统健康理论与方法，对高新技术产业开发区系统健康的基本理论和基本方法进行了探讨。

阐述了应用生态系统健康理论与方法研究高新技术产业开发区健康管理的科学性与可行性，从生态学方法论特点和高新技术产业开发区健康发展相结合的角度，提出了如何应用生态系统健康理论与方法研究高新技术产业开发区健康状态的思路。

提出了高新技术产业开发区健康概念并进行了健康性内涵的逻辑研究。以高新技术产业开发区系统的稳定性、可持续性和整合性为目标，提出了包括高新技术产业开发区系统创新活力、组织结构、抵抗力在内的高新技术产业开发区健康评价理论。

提出了基于健康性理念的高新技术产业开发区系统评价指标体系，以及相应的评价方法，并对我国高新技术产业开发区健康性进行了实证研究。从整体上看，我国国家级高新技术产业开发区系统健康状况在不断改善，这主要得益于我国国民经济的迅猛发展，但与此同时也应该看到我国国家级高新技术产业开发区在创新活力上欠佳。

在高新技术产业开发区系统健康维护研究中，提出国家高新技术产业开发区应该重新审视自身的功能定位，实现功能的回归与提升，并通过高新技术产业开发区系统营养结构和形态结构的生态重组，借助鲁棒调节和多样性调节，实现高新区组织结构的多样性和复杂性的协调发展，加强我国高新技术产业开发区系统功能的建设与维护，提高系统创新活力，增强高新区系统抵抗力，使其真正承担起引领国家高新技术及其产业化发展的重任。

目录 Contents

第1章

绪　　论

1.1　研究背景与研究意义

经过近三十多年的改革开放和工业化进程，我国经济总量快速增长，国民经济综合实力明显增强，高新技术产业开发区在一些经济发达地区已初具规模。但从总体上看，我国经济发展还存在着经济效益与经济运行质量不高，经济增长中科技进步贡献份额较低，传统制造业的发展还不很充分，同国外相比较还有很大的差距等问题，产业结构性矛盾仍然制约着我国经济的纵深发展。

1.1.1　研究背景

面对国际全球化和市场经济的挑战，加快高新技术产业开发区发展成为实现我国经济快速高效发展的重要途径和关键举措，也是实现创新型国家战略的主要载体。要想抓住互联网机遇，跨界融合促进高技术产业的创新发展，实现我国高技术企业的爆发式、可持续式的成长，就应该把握开放链接的本质，利用创新生态圈多样化的合作力量，使得区域、产业、企业在生态圈经济环境下开放共生、创新发展，保证我国高新技术产业开发区的健康发展。从而加快产业结构调整，推动产业升级，形成以高新技术为主导的经济发展新格局，推动我国经济社会的可持续发展。

从全球范围看，创建高科技园区的设想始于1947年的美国。当时担任美国斯坦福大学校长的弗雷德里克·弗曼（Frederick Ferman）提出了建立斯坦福大学研究园的设想，并于1951年兴建起现代化的实验室和厂房，形成了斯坦福研究园（Stanford Research Park）。其后，由于政府支持及多方面配合，依靠其雄厚的智力资源，以及逐步形成的政府、大学、科技企业紧密合作这一先进的运行机制，从20世纪50年代中期开始，斯坦福大学研究园就逐步成为世界有名的高技术设计和制造中的“硅谷”。此后，许多国家和地区争相效仿，由政府出面在特定地域密集配置研发机构和高技术企业，高科技园区成为世界许多国家发展高科技及其产业的普遍做法，并在这些国家和地区得当了长足发展，20世纪60年代，高科技园区的模式和思想传播到了世界各地。

从科技发展史来看，高科技园区的诞生与高技术中小企业的蓬勃发展是互为因果的。在近乎完全竞争的市场中，与大企业相比，中小企业的技术创新优势更大些。但是，随着技术复杂性的提高，中小企业进行技术创新的固定资产投资成本、弥合知识和经验技能差距成本以及缺少外部条件的成本都会随之上升，从而形成了中小企业技术创新的门槛。为了帮助高技术中小企业克服技术创新门槛的阻碍，并防止经济发展水平在某个低水平上锁定，西方各国政府在第二次世界大战之后，纷纷效仿美国“硅谷”的发展模式，建立高科技园区以帮助中小企业进行技术创新。据统计，目前世界上已经有高科技园区1 000多个，其中西方发达国家占80%以上。而且随着世界范围内高技术产业（high - technology）

的迅猛发展，高科技园区被认为是高技术产业发展和新经济形成与发展的希望。从全球范围来看，发达国家和地区都非常重视发展高技术产业。美国和日本试图通过在高技术研发及其产业化领域保持领先地位，以维系他们经济强国的地位。欧盟也不甘落后，希望通过高技术产业改变其经济的停滞状态，推动其经济复兴。韩国、中国台湾和亚洲东南亚地区在依据自身区域优势的基础上，努力成为高技术产品的主要生产地，以促进经济的发展。

1.1.2 研究意义

在改革开放和在全球发展高技术产业浪潮的推动下，我国也开始了高科技园区的建设，并称之为高新技术产业开发区，简称高新区。自20世纪90年代初（1991年）开始引进这一先进的高技术发展模式，之后相继在全国布局建设了145个国家级高新技术产业开发区，致力于构造具有跨世纪战略意义的现代高技术产业发展的区域空间。作为我国高科技成果转化基地和我国发展高新技术产业的基地，从第一个高新技术产业开发区的诞生到145家国家级高新技术产业开发区的蓬勃发展，我国高新技术产业开发区走过了一段辉煌的创业历程，业已成为我国高新技术产业发展基地和拉动经济增长的主要力量。目前，国家高新技术产业开发区已完成了初创阶段的主要任务，高新技术产业开发区处于由“产业主导”阶段向“创新突破”阶段的“二次创业”过程，初步建立了适合高新技术发展的经济管理体制和市场推进机制，奠定了高新技术产业发展的基础，多数高新技术产业开发区已成为区域经济发展新的增长点。但是，高新技术产业开发区的发展中依然面临着企业创新能力低下进而产业创新速度放缓的瓶颈障碍，存在着创新创业环境建设的进一步完善，技术创新能力有待进一步提高，国际化水平低，有效竞争机制尚未形成等问题，因此，应进一步完善以市场为基础的、以提高创新能力和竞争力为核心的高新技术产业开发区健康发展体系，通过健康评价，引导高新技术产业开发区从注重招商引资和优惠政策的外延式发展向主要依靠科技创新的内涵式发展转变；从注重硬环境建设向注重优化配置科技资源和提供优质服务转变；从产品以国内市场为主向大力开拓国际市场转变；从产业发展由小而散向集中优势发展特色和主导产业转变；从逐步的、积累式改革向建立适应社会主义市场经济要求和高新技术产业发展规律的新体制、新机制转变，推动高新技术产业开发区持续、快速、健康发展。

高新技术产业开发区的持续发展是以其持续的创新能力和核心技术的培育能力为支柱的，它的发展必须建立在发展所需的创新资源保证的基础上。而经济的可持续发展所强调的资源可持续供应和资源可持续使用方式，都有赖于人类技术的进步。从一定意义上说，没有技术进步，也就没有人类的可持续发展。而有效的知识创新和技术创新是人类技术进步的重要基础和保障，这将依赖于高新技术产业开发区的健康发展。因此，以生态学规律来指导高新技术产业开发区的技术创新活动，是实施可持续发展战略的重要步骤。通过考察高新技术产业开发区的健康状况，能够比较全面地反映系统的“可持续”信息，包括系统的稳定性和适应性，而且强调了系统为高技术及其产业化服务的功能，反映了系统的健康负荷能力及其对胁迫的抵抗能力以及在此基础上的可持续创新能力。因此，高新技术产业开发区的健康发展是我国高新技术产业开发区赖以生存和发展的根本，是我国高技术创新及其商业化、产业化发展的重要保障，是实现我国经济社会可持续发展的基石。

本书针对目前我国国家级高新技术产业开发区发展现状，以生态系统健康理论及其相关理论为依托，对高新技术产业开发区系统健康的基本理论和基本方法进行了探讨，通过对其系统活力、组织结构（高新技术行业的多样性）和抵抗力的分析研究，构建了我国国家级高新技术产业开发区系统健康评价模型，探讨适合我国高新技术产业开发区发展现状的研究方法。

1.2 研究目标与研究内容

高新技术产业开发区系统健康最为关心的是高新技术产业开发区系统基本功能紊乱（偏离）的辨识、诊断方案和有效评价指标的设计及健康评价理论体系的建立与完善。如果高新技术产业开发区系统健康评价没有明确的可操作内容，仅仅表示成一种价值判断，将会使高新技术产业开发区系统健康的评价研究只停留在理论层面上。因此，本书本着可操作性思维，在分析研究我国高新技术产业开发区系统发展状况的基础上，试图通过理论探讨，提出一个较为有效的高新技术产业开发区健康评价理论与方法，为采取有效的高新技术产业开发区系统管理对策提供理论依据，使我国高新技术产业开发区系统朝着更为健康、更为有序的方向发展。正是在这样的指导思想下，确定了本书的研究目标和研究内容。

1.2.1 研究目标

本书以我国国家级高新技术产业开发区系统创新活力、系统组织结构、系统抵抗力作为研究对象，提出高新技术产业开发区系统健康理论，建立高新技术产业开发区系统健康评价指标体系与评价方法，对我国国级高新技术产业开发区系统的健康状况进行评价，为我国高新技术及其产业化的可持续发展提供管理依据，探讨适合于我国高新技术产业开发区健康评价研究的理论与方法。

1.2.2 研究内容

依据本书在研究背景和研究意义中提供的信息及国内外相关研究现状，本书的研究内容包括以下方面：

（1）我国国家级高新技术产业开发区健康发展理论框架的分析与构建。在生态系统健康理论、技术创新理论和区域经济发展等理论的基础上，通过对我国高新技术产业开发区发展实践的实际分析，提出我国高新技术产业开发区系统健康评价理论要点与分析模型，这将有助于对我国高新技术产业开发区系统健康发展模式与规律的把握。

（2）我国高新技术产业开发区系统健康评价方法及其评价指标体系的研究。根据我国高新技术产业开发区健康发展的理论框架和我国高新技术产业开发区实际情况，提出切实可行的、科学的高新技术产业开发区系统健康评价方法及其评价模型。这种高新技术产业开发区健康发展内在能力的动态评价方法的建立，将有助于在我国高新技术产业开发区系统健康发展理论与我国高新技术产业开发区系统健康发展实践之间构建桥梁。

（3）从生态学的视角，归纳我国国家级高新技术产业开发区的健康发展规律并提出相关建议，这将有助于我国国家级高新技术产业开发区系统当前与未来的可持续发展。

1.3 高新技术产业开发区评价研究综述

1.3.1 高新技术的含义及特征

高新技术的概念最早出现在20世纪70年代初。1971年，美国国家科学院在《技术和国家贸易》一书中首次明确提出了高新技术（high technology，High－Tech）概念。1981 年美国出版了用“高新技术”命名的杂志。1982 年 8 月，日本新闻周刊和商业周刊相继发表了《日本的高新技术》和《高新技术》专集。随着高新技术的蓬勃发展，高新技术已成为世界各国报刊出现频率较高的术语之一。然而，至今对高新技术这一概念尚无公认的确切定义。

从经济学的角度理解，认为凡是研究或开发（R&D）经费占产品销售额的比例，科技人员占雇员的比重，产品的技术复杂程度这三项指标超过某一标准时，这类产品就被称为高新技术产品，生产和经营这类产品的企业就被称为高科技企业。

从技术角度理解，认为高新技术是以当代尖端技术为基础而建立起来的技术群。从产品或产业的技术密集程度来理解，高新技术是对知识密集、技术密集类产品或产业的统称。无论从哪个角度理解，高新技术的概念实际上都包含了以下四层含义：

第一，高新技术是个动态概念，因而其具有时空性，被确认的高新技术不是一劳永逸的。

第二，高新技术意味着以尖端科学理论为基础，往往具有前沿性。在日本，高新技术往往被表达成“高级尖端技术”。因为其非常重要的前沿带动效应，所以高新技术常常导致高知识密度，高新技术密度和智力密度。

第三，高新技术应具有商业价值，高新技术不但是技术领域的概念，更是经济学的概念，高新技术应该能够带来高额经济利润。

第四，高新技术是一个集合概念，高新技术活动是技术创新、经济贸易、生产管理以及社会变革和人们思维观念的群集。

1.3.2 高新技术产业的界定及其范围

1. 高新技术产业的界定及其特征

高新技术产业的概念，国内外均有不同的意见。美国学者纳尔逊（R. Nalson）在《高新技术政策的五国比较》一书中指出“所谓高新技术产业是指那些以大量投入研发资金，以及迅速的技术为标志的产业。”台湾《国际贸易金融大辞典》中“高科技产业”的解释为：“系指必须利用电脑、超大集成电路等最尖端科技产业物为基础，并投入较高的研发经费，从事生产的智力密集型企业。”

国内一般描述为：高新技术产业就是高新技术的研究、开发、生产、推广和应用等形成的企业群或企业集团的总称。对于高新技术企业的定义，在我国 1991 年 3 月由国家科委颁布的《国家高新技术开发区高新技术企业的定义办法》中明确规定：高新技术企业是利用高新技术生产高新技术产品、提供高新技术劳务的企业，是知识密集、技术密集的经济实体。

关于高新技术产业的界定问题，目前应用最广泛的界定标准有两个：一是美国商务部采用的标准，包括四项主要指标：R&D 支出占销售额的比重；科学家、工程师和技术工人占全部职工的比重；产品的主导技术必须属于所确定的高新技术领域，即产品的主导技术必须包括高新技术领域中处于前沿的工艺和技术突破。二是国际经济合作与发展组织（OECD）制定的标准。它是国际标准产业分类统计的基础，主要是以 R&D 强度（即 R&D 经费占产值的比重）作为界定高新技术产业的标准，比重在 3% 以上的为高新技术产业；在 1% ~ 2% 之间的是中技术产业；小于 1% 的则称为低技术产业。显然，高新技术产业通常是指应用高新技术含量高的产业，国际上大都把以下产业列为高新技术产业：生物技术及其产业；新型材料技术及其产业；信息技术及其产业；航空航天技术及其产业；能源技术及其产业；海洋开发技术及其产业等等。

2. 我国高新技术产业的范围

目前，我国在建立高新技术产业统计过程中主要借鉴 OECD 的统计方法，由于高新技术产业是一个时代性的概念，发达国家在界定高新技术产业时，根据本国或本地区经济、社会和科技发展的不同时期和水平来确定的，不同国家、不同时期、不同发展阶段其标准和产业是不同的。我国将相对于其他制造业而言具有较高 R&D 密集度的 9 大产业界定为高新技术产业，这也是我国“863”计划和“火炬计划”提出重点发展的高新技术，即国家级高新技术产业开发区系统内化划分为 9 个高新技术领域，它们是：电子与信息领域、生物技术领域、新材料领域、新能源及高效节能技术、环境保护技术、光机电一体化、航空航天技术、地球—空间—海洋工程技术和核应用技术，这也是根据我国国情和国际高新技术产业发展趋势做出的创新和跨越。

1.3.3 高新技术产业开发区类型

高新技术产业开发区是人们有目的地通过系统规划而建设形成的科技——工业综合体。其任务是研究、开发和生产高新技术产品，促进科技成果商品化。国际上根据科技园区内部从事的主要活动及知识的“增长——应用”方向，将科技园区分归三种模式，即科学园、技术城、高新技术加工区，或称为科学园区，高技术工业园区和多功能城。

科学园是高技术产品的开发区，主要从事高技术及相关新产品的研究开发（R&D），包括产品试生产或研究开发型生产。这类园区一般在大都市或附近，依托著名大学或科研机构，实质是大学与工业合作的产物，如“硅谷”、各种孵化器、创新中心和早期的大学科技园。这类园区的其他名称有：研究园、技术园和大学科技园等。

技术城是地区以自然风光或传统之美与现代文明融为一体，形成技术与文化的交融城镇，集产、学住于一体，通过高新技术产业，提高地方实业的技术水平，鼓励研发活动，吸引优秀人才，培育产研结合，像日本的筑波城，广岛科学园，德国的索非亚昂蒂波利科学城等。

高新技术加工区主要从事高技术产品的生产，并以高新技术产品加工装配为主，这类加工区需要有高素质的充足的劳动力条件作保障，同时要求政府有相应的鼓励措施条件。如台湾新竹科学工业园、菲律宾的巴丹加工区等。

多功能城（multifunction polis）在有关文献中的使用频率较低，这与实际吻合。因为它代表的是科技园区的未来发展方向，目前还没有公认的，只有日本和澳大利亚在试建。

应当明确的是，三类中的每一类中都含有另外类的活动，如在高技术工业园中，也存在研究开发活动。

本书讨论的高新技术产业开发区是指综合的高新技术产业开发区，包括研究开发、生产加工和居住城市。

高新技术产业开发区的四大主要功能：

（1）集聚功能。高新技术开发区凭借区域优势，产业政策优势，科研基础条件优势等条件集聚了人才资源、物力资源、财力资源等，资源的集聚形成了良性循环效应。

（2）孵化功能。高新科技园区对高新技术成果，科技小企业及科技创新的孵化、培育，使其发展为成熟企业，通过政策倾斜、税收优惠、基金扶植等来造就企业群体及名牌。

（3）扩散功能。高新技术开发区的影响扩散不局限于本区内，其辐射面向社会的各个领域，高新技术开发区的辐射靠的是势差，即以人才、技术、财力、信息和组织等形成的优势，这种优势的差异化为高新技术产业的扩散和渗透提供了可能。高新技术产业开发区的扩散模式如图 1－1 所示。

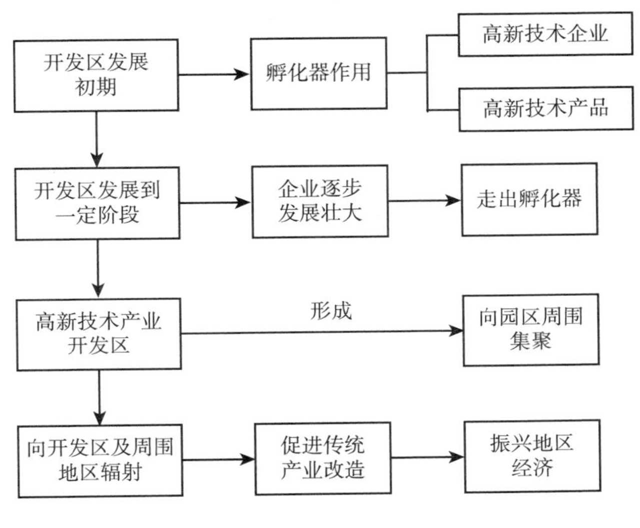

图 1－1　高新技术产业开发区的扩散模式

（4）高新技术开发区的示范功能。高新技术开发区的高新技术成果，先进的运行模式不断带动其他地区，被其他地区所效仿。

1.3.4　高新技术产业开发区国内外研究情况

各国高新技术产业开发区的建立和发展实际上就是通过有目的的培育，建立一个适合高技术企业发展的网络，并通过相关的产业政策的优惠、引导，帮助那些具有丰富智力资源但缺乏资金、销售网络等资源的高技术企业不断壮大，从而解决各国科技与经济脱节的问题，缩短“发明—中试—产业化”的周期，以实现高技术产品的开发、中试、大规模生产、市场销售一体化。实践证明，高新技术产业开发区是在现代科学技术进步的条件下，科学技术与经济相结合的产物，是高技术产业发展最为有效的形式。由于高新技术产业开发区的发展只有不到50年的历史，对其的相关研究是一个涉及多学科的交叉学科，因此是一个综合性较强的研究课题。从现有理论及研究成果看，国内外总体上还处于起步阶段，大部分还停留在经验认知层面，侧重于对高科技园区的评价研究。

1. 国外研究现状与不足

以美国为例，在埃弗雷特·M·罗杰斯和朱迪思·K·拉森对高新技术产业开发区的开创性研究以后，美国学者鲁格和高德通过对其成功因素的分析，提出了相应的评价指标体系。此后，关于高新技术产业开发区的综合评价研究日趋丰富。美国国会曾经概括了相关研究成果，将高新技术产业开发区的成功因素归纳为三个关键方面：（1）吸引人的自然和智力环境；（2）动态的行政管理机构；（3）具有活力的大学—产业的相互作用。这三个方面的条件恰恰是高技术产业化所必需的支撑条件和制度保障。

同样还有一些学者认为，区位条件是高新技术产业开发区成功的关键，包括以下因素：所依托地区的智力密集程度和良好的相关产业、支持产业的网络、风险资本、接近国际水准的基础设施、支持创新的制度环境与政策以及对工人和家庭有吸引力的生活环境。

从研究方法上看，他们基本上都是采用定性分析的方法，对美国“硅谷”形成“凝聚经济效应”的条件进行了系统的分析。当然，这种定性分析的方法很难对高科技园区做出全面、科学的评价，但其探索性的工作对后人进一步的研究具有启发意义。

对现有文献资料综合研究表明，国外尤其是美国对高科技园区评价指标体系的研究主要集中在有关高科技园区成功因素和区位条件评价这两个领域，而且还主要停留在经验性、描述性的定性评价阶段。对于统计指标的功能定位，从统计上说，应该突出描述（监测）性；从管理上说，应该是预警型的。通过对国外相关评价指标的功能定位分析，可以看出其研究倾向于描述（监测）型，大部分评价指标重视的是统计描述功能。这点与国内的研究有很大不同，国内更强调指标的预警功能。

我国学者陈益升在《国家高科技园区考核评价指标体系设计》一文中介绍了美国对高科技园区成功因素评价的另一种指标体系（见表1－1）。

表1－1　　美国高科技园区评价指标

美国高科技园区评价指标
1. 相对重要指标——经济发展：（1）多样化区域经济基础；（2）开发并培育新的商务活动；（3）区域现有研究与开发中的资本；（4）扩展地方就业机会
2. 一般指标——大学和技术的发展：（1）加强大学技术培训和合作研究；（2）通过园区商务活动增加技术转化；（3）鼓励区域企业；（4）增加区域生产和创新；（5）为地方大学生扩展就业机会；（6）大学研究的商业化；（7）提高附属大学的知名度
3. 相对不重要指标——收益和分配：（1）提供较高薪金的工作岗位；（2）园区工作设施交易获利；（3）为低素质劳动者扩大就业机会

显然，国外对于高新技术产业开发区的研究，基本上都是采用定性分析方法，评价指标体系也主要集中在成功因素和区位条件评价这两个领域，缺乏量化的评价指标体系。

当然，高科技园区成功因素和区位条件这两个方面的评价指标体系框架具有内在有机的联系，反映了高科技园区发展过程中区位支撑能力、制度创新和风险资本的重要性。

分析研究美国高科技园区成功因素和区位条件评价指标体系，虽然其分析研究的角度不尽相同，而且没有能够建立起量化的评价指标体系，还有中美两国的国情不同，科技、经济发展水平和人力资源状况差异很大，但是由于高科技园区具有共同的内在特性和发展规律，因而上述评价的思路和方法、评价指标的选取等，对于构建我国高科技园区的综合评价指标体系仍然具有借鉴意义。

2. 国内研究现状与不足

国内对于高新技术产业开发区的评价研究只是刚刚开始，相关研究成果还比较有限，通过对这些研究资料的归纳整理可以发现，国内关于高新技术开发区的研究，从内容上看，基本上可以分为两类：

一类是关于高新技术产业开发区实践中遇到问题的研究。较多的学者或进行高新技术开发区研究的人士，大都针对某一具体的高技术开发区，从国家宏观角度进行相关研究。这些研究都从不同角度在不同程度上论证评价了我国高科技园区的发展模式、管理体制、技术创新、国际化、文化建设以及发展战略，并对建立高科技园区的评估体系，以及高科技园区应该如何面对机遇与挑战提出了各自的见解。

另一类是理论界从区域经济的角度，研究高新技术产业开发区的空间集聚与扩散。这类理论研究大部分是关于宏观经济活动的区位因素作用和区域组织的，而没有针对特定的区域如何组织经济活动来研究。他们中有专门针对高新技术开发区进行深度研究的，是北京大学王缉慈老师所做的、国家自然科学基金项目下的《创新的空间——企业集群与区域发展》，该书用独立的章节，论述了高技术产业的企业集群与区域创新环境的营造，并对中关村电子信息产业的企业集群进行了案例分析。

从评价研究的类型上看，可以分为综合评价研究、专题评价研究和发展评价研究。不可否认，这些研究在相当程度上对我国高新技术产业开发区发展的常规技术阶段即一次创业阶段，起到了积极推动作用，但对于已经进入二次创业阶段的高新技术产业开发区，这种评价研究已经显示出它的不足了。

首先，以往关于高新技术产业开发区的研究主要建立在两大理论基础之上，即技术创新理论（包括组织制度、政策创新）和区域经济发展理论，如北京大学王缉慈老师从区域经济的角度，研究高新技术产业开发区的空间集聚与扩散，论述了高新技术产业的企业集群与区域创新环境的营造。

其次，评价偏重于经济总量指标的考核，在一定程度上形成了误导。由于只重视度量发展现状，忽视了对其发展潜力、发展速度和发展的可持续性的考核，误导一些高新技术产业开发区盲目发展，实质上并没有形成具有持续竞争力的高技术产业。

最后，在指标选取上缺乏严谨，忽视了对高新技术产业开发区基本功能的评价。很多研究在评价指标的设计上忽视了技术创新及其活力、创新资源、风险资本等因素，客观上没有全面地体现我国高新技术产业开发区通过自主创新，实现高技术产业化的基本功能。同时，由于偏重于利用外资和外资企业数量的考核，忽视了具有自主知识产权产品的考核，导致我国一些高新技术产业开发区只单纯把利用外资作为发展目标，因此并没有形成具有民族自主知识产权的高技术产业。

对高新技术产业开发区创业环境的评价，我国学者陈宏愚、吴开松等在相关研究中，构造了一个“高新技术开发区软环境评估补充指标体系”，在指标的选择上由于大多属于定性指标，由此得出的评价结论具有较强的主观性。

目前还没有运用生态学和生态系统健康理论与方法来研究高新技术产业开发区健康问题，而生态学中的个体、种群、群落及与环境的相互作用特征，同样存在于高新技术产业开发区系统之中；生态系统的发展变化规律，如能量、信息、物质流动规律，竞争、适应、互利共生、协同共进等规律也同样存在于高新技术产业开发区系统之中。因此，运用生态学和生态系统健康理论与方法研究高新技术产业开发区健康问题是十分必要的，也是可行的。

1.4 本书技术路线与研究框架

1.4.1 本书技术路线

高新技术产业开发区健康评价研究总技术路线如图1－2所示。

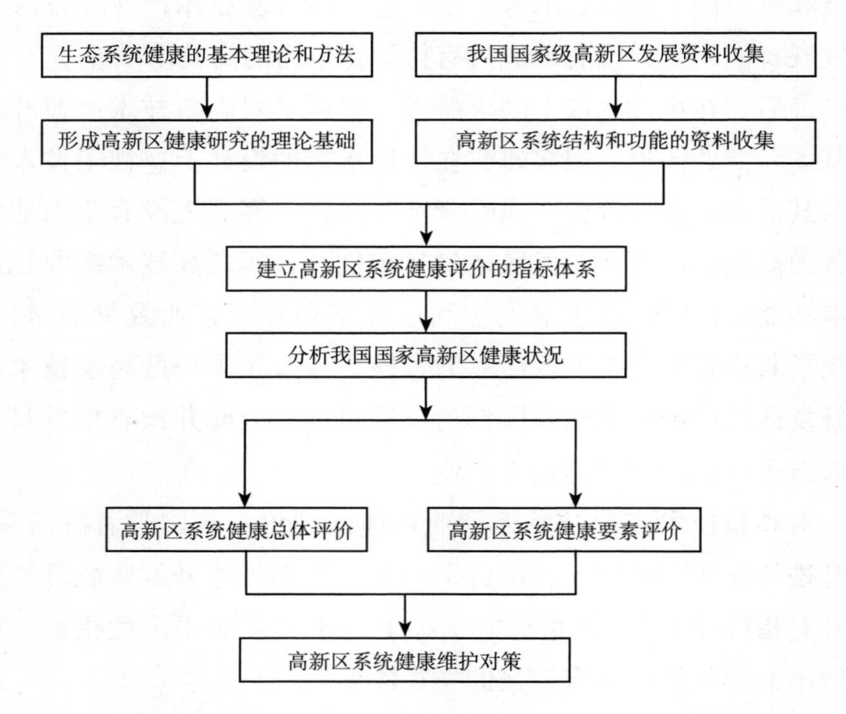

图1－2 高新技术产业开发区健康评价研究总技术路线示意

高新技术产业开发区系统健康评价的最终目标主要集中于通过一系列的定性和定量分析，全面而客观地实现对我国高新技术产业开发区系统健康的综合评价。为此，高新技术产业开发区系统健康评价必须从了解高新技术产业开发区系统的结构和功能入手，选择相应的技术方法来实现多要素的综合分析并实现其定量化的描述。

（1）在详细分析国内外文献中的相关概念、理论、方法的基础上，提出论文的总框架，采用文献评析、理论探索方式进行；

（2）在收集我国高新技术产业开发区发展状况的基础上，识别和分析高新技术产业开发区系统创新活力、组织结构和抵抗力对我国高新技术产业开发区健康发展的影响的机理。通过选择影响高新技术产业开发区系统健康的主要因素，形成用于评价健康状况的指标体系构成要素，采用数学方法实现高新技术产业开发区系统健康评价指标体系的建立，并广泛征求相关领域专家的意见和建议，形成科学、客观的指标体系的层次结构，并确定各个影响要素对系统健康状况的重要性，发挥指标体系的整体优势。

（3）通过广泛而深入地收集相关数据资料，获取与我国高新技术产业开发区系统健康状况有关的信息，形成对我国高新技术产业开发区系统健康影响要素的分析研究，掌握我国高新技术产业开发区系统健康指标体系所需的各个方面的状况。

（4）由于各个评价指标的内容不同，定性描述难以满足对高新技术产业开发区系统健康综合分析的需要，必须运用数学方法实现对各项信息的定量化表达，并运用数学语言描述系统健康状况，定量表达和定性描述相结合。

（5）依据生态学种群关系理论探索高新技术产业开发区健康维护的方式方法。高新技术产业开发区系统健康评价与分析，要能够体现评价高新技术产业开发区系统健康现状和胁迫因子干扰过程的定性与定量相结合的概念模型，设计的指导思想集中体现为充分利用现有条件，尽可能利用现有的可获得的资料，通过全面客观而科学的分析与计算方法，立足于不同类型信息对高新技术产业开发区系统健康状况的全面和现实性反映，采用熵值分析方法，依靠收集到的评价指标数据，实现高新技术产业开发区系统健康理论在我国高新技术产业开发区系统健康评价中的应用，包括系列指标分析、指标体系的建立、健康状况评价及其健康影响分析和健康维护等。

1.4.2 本文研究框架

本书的研究内容主要围绕我国国家级高新技术产业开发区健康理论和健康评价方法来展开，以生态系统健康理论、技术创新理论和区域经济发展理论等为基础，我国高新技术产业开发区系统健康的研究发展为背景，围绕我国高新技术产业开发区系统健康评价理论及方法的建立，通过相应的实证研究和高新技术产业开发区系统健康维护等内容来进行，保持了本书的完整性和统一性。

第 1 章为绪论，主要介绍了本书研究背景与意义、研究方法及其主要研究内容、数据范围以及本书的组织结构。

第 2 章通过对高新技术产业开发区系统与生态系统结构特征的生态学对比分析，较为系统地介绍了运用生态系统健康及其相关理论研究高新技术产业开发区系统健康的科学性、可行性，并从逻辑学的角度论述了高新技术产业开发区系统健康与其可持续性、创新稳定性、连续性和持久性等概念的相互关系，从另外一个角度更好地论述了高新技术产业开发区系统健康的内涵。

第 3 章在生态系统健康理论、技术创新理论和区域经济发展理论等的基础上，详细阐述了我国高新技术产业开发区系统健康含义和基本属性，并论述了高新技术产业开发区系统创新活力、组织结构、抵抗力的内在含义及其相互关系，系统地提出了我国高新技术产业开发区系统健康理论和评价方法。

第4章在高新技术产业开发区系统健康评价指标体系构建原则的基础上，提出了我国高新技术产业开发区系统健康评价指标体系及其经济内涵。

第5章确立了我国高新技术产业开发区系统健康评价研究的概念模型和数学模型。对我国高新技术产业开发区系统健康评价标准进行了定量化的几何解析，确立了运用熵法来评价我国高新技术产业开发区健康状况。

第6章是对我国高新技术产业开发区系统健康的维护研究。针对我国高新技术产业开发区系统功能偏离导致的高新技术创新及其产业化发展能力低下的不健康现状，提出了我国高新技术产业开发区的健康维护，包括对系统功能的健康维护及高新技术产业开发区系统“营养结构”和“形态结构”即“种群结构”的生态重组维护，并通过其生态调节来保持高新技术产业开发区系统组织结构多样性的协调发展，从而使高新技术产业开发区系统健康持续发展。

第7章结论与研究展望。我国高新技术产业开发区的高新技术创新及其产业化发展能力相对低下，体现在其产品的品种多样性和市场产品外向多样性低下并存在波动现象，本章阐述了全书的主要结论及其研究的创新点，并对未来的研究进行了展望。

第2章

高新技术产业开发区健康理论基础研究

2.1 生态系统健康理念与评价

2.1.1 生态系统健康理论的产生与发展

生态系统健康是20世纪80年代末在可持续发展思想的推动下，在传统的自然科学、社会科学和健康科学相互交叉和综合的基础上发展起来的一门新学科。生态系统健康概念的提出只有近20年的历史，从生态学角度看，却可以追溯到20世纪40年代末。1941年，美国著名生态学家、土地伦理学家奥尔多·利奥波德（Aldo Leopold）首先定义了土地健康（land sickness）这一术语来描绘土地功能紊乱（dysfunction）。1988年，谢弗等（Schaeffer et al.）首次探讨了生态系统健康度量的问题，但没有明确定义生态系统健康。1989年，瑞波特（Rapport）博士论述了生态系统健康的内涵，并笼统定义了生态系统健康。这两篇文献成为生态系统健康研究的先导。

生态系统健康的产生与发展大致可以分为三个阶段，第一阶段是生态系统健康的萌芽产生期，从18世纪到20世纪中期；第二阶段从20世纪60年代初到80年代末，是生态系统健康的形成期；第三阶段从20世纪90年代初到现在，是生态系统健康的发展期。

生态系统健康的概念雏形要追溯到18世纪。最早提及“自然健康”的是苏格兰医学和生态学家詹姆斯·赫顿（James Hutton），他在1788年的一篇文献中提到地球是一个具有自我维持能力的超有机体（superorganism）虽然自然生态系统并不完全类似于有机体或超有机体，但它们都包含了复杂系统所具有的共同特征，包括维持系统整体性和恢复力所必需的自我调节机理。

随后奥尔多·利奥波德进一步发展了生态系统健康的概念，其为土地健康做出了贡献，他提出了一系列的有关“土地疾病”的一些关键性指标，列出了土地退化的一些共同特征，包括土壤侵蚀、养分流失、水文异常、外来物种的入侵、本地种的消失以及土地质量的恶化、野生物种的猖獗等。因此奥尔多·利奥波德预见土地健康将发展成为一门学科，它的目的是“监测其生态参数，以保证人类在利用土地的时候不会使它丧失其功能”，随后的很多学者都对生态系统健康的概念进行了进一步的探讨。新西兰在1941年成立土壤学会（后改名为新西兰土壤与健康学会），并在第二年出版发行了《土壤与健康》（*Soil and Health*）杂志。这个时期是生态系统健康的萌芽阶段。

20世纪60~70年代后，随着全球生态环境日趋恶化，受到破坏的生态系统越来越多，破坏的程度也越来越严重，人类社会面临着生存与发展的强大挑战，人类越来越关心生态系统的健康问题。1984年在美国生物科学联合会的年会上，美国生态学会主办了“胁迫生态系统描述与管理的整体方法”研讨会，这一研讨会推进了退化生态系统的恢复研究和胁迫生态系统健康标准研究，1989年，国际水生生态系统健康与管理学会（Aquatic Ecosystem Health and Management Society）在加拿大成立，这是国际上首次成立的有关生态系统健康的学术团体，它的宗旨是促进与发展整体的、系统的和综合的方法保护和管理全球水资源，并于1992 年出版发行了 *Journal of Aquatic Ecosystem Health* 杂志（1997年改名为 *Journal of Aquatic Ecosystem Stress and Recovery*）。这个阶段是生态系统健康的形成时期。

20 世纪 90 年代以来，生态系统健康的发展更快，不仅具有理论研究，而且结合不同生态系统进行了一定程度的实证探讨研究。1990 年 10 月，来自学术界、政府、商业和私人组织的代表，就生态系统健康的定义问题在美国召开了专题讨论。1991 年 2月，在美国科学促进联合会上，国际环境伦理学会召开了“从科学、经济学和伦理学定义生态系统健康”讨论会。

1994 年第一届国际生态系统健康与医学研讨会在加拿大首都渥太华召开，这次大会重点讨论并展望了生态系统健康在地区和全球环境管理中的应用问题，同时宣告国际生态系统健康学会（International Society for Ecosystem Health，ISEH）成立。1995 年由瑞波特等人创立出版了 *Ecosystem Health* 杂志，这是生态系统健康协会的会刊，在国际上有很大的影响。1996 年，ISEH 召开了第二次国际生态系统健康研讨会，本次大会与“96 生态峰会”（Ecological Summit，96）联合在丹麦首都哥本哈根召开，这次大会更加明确了要解决复杂的全球生态系统环境问题需要综合自然科学和社会科学，作为一门新出现的综合性交叉学科，生态系统健康在处理 21 世纪复杂环境问题的挑战中充满希望。1999 年 8月，“国际生态系统健康大会—生态系统健康的管理”在美国加利福尼亚召开，这次大会的主题是：“生态系统健康评价的科学与技术”“影响生态系统健康的政治、文化和经济问题”。这次会议更加有效地推动了生态系统健康理论与评价的研究，同时提出了21世纪生态系统健康研究的核心内容。2000年分别在加拿大的哈利法克斯和澳大利亚的布里斯班召开了一系列生态系统健康的国际性研讨会，讨论了“生态系统健康与可持续发展，生态系统健康与全球热点问题”。特别是于2002年6月在美国华盛顿召开了生态系统健康峰会，主题是“Healthy Ecosystem，Healthy People，Linkages Between Biodiversity，Ecosystem Health and Human Health”，云集了世界各地的专家、学者以及政府官员对生态系统健康、人类健康以及物种多样性之间的相互关系进行了深入的讨论。这段时期是生态系统健康的发展壮大期。

2.1.2 生态系统健康的含义

关于生态系统健康目前尚无普遍认同的定义，不同学者从各自的学科背景和案例出发进行了相关的定义。

科斯坦萨（Costanza）是从生态系统自身出发定义生态系统健康的典型代表，认为健康的生态系统稳定而且可持续，具有活力，能维持其组织且保持自我运作能力，对外界压力有一定弹性；谢弗等认为当生态系统的功能阈限没有超过时，生态系统是健康的，这里的阈限定义为“当超过后可使危及生态系统持续发展的不利因素增加的任何条件，包括内部的和外部的”；卡尔（Karr）等认为，如果一个生态系统的潜能能够得到实现，条件稳定，受干扰时具有自我修复能力，这样的生态系统就是健康的；霍沃思等（Haworth et al.）认为生态系统健康可以从系统功能和系统目标两个方面来理解：系统功能是指生态系统的完整性、弹性、有效性以及使生境群落保持活力的必要性；瑞波特等认为生态系统健康是指生态系统没有病痛反映、稳定且可持续发展，即生态系统随时间的推移有活力并且能维持其组织及自主性，在外界胁迫下容易恢复。

综合以上学者的观点，对生态系统健康可以这样理解：生态系统健康是生态系统内部秩序和组织的整体状态，如系统正常的能流和物流不受损伤，关键生态成分保留，系统对自然干扰的长期效益具有抵抗力和恢复力，系统能够维持自身组织结构长期稳定，并提供合乎自然和人类需求的生态服务。

2.1.3　生态系统健康的生态学理论

在生态系统健康的概念提出之初，遇到了许多问题，如物种多样性和稳定性之间的因果联系，时间尺度和空间尺度如何结合；以及生态系统的界限等问题。考虑到生态系统的复杂性和由此对生态系统健康的影响，为了更好地研究生态系统健康，在生态学理论基础上，诺顿（Norton，1992）提出了有关生态系统健康的生态学理论：

1. 动态性原理

生态系统总是随着时间而变化，并与周围环境及生态过程相联系。生物与生物、生物与环境之间的联系，使在系统输入、输出过程中，有支有收，应当维持需求的平衡。生态系统在自然条件下，总是自动向物种多样性、结构复杂化和功能完善化的方向演替。只要有足够的时间和条件，系统迟早都会进入成熟的稳定阶段。生态系统管理中要关注这种动态，并不断调整管理体制和策略，以适应系统的动态发展。

2. 层级性原理

系统内部各个亚系统都是开放的，许多生态过程并不都是同等的，有高低层次之分，也有包含型与非包含型之别。系统中的这种差别主要是由系统形成时的时空范围的差别所形成的，管理中时空背景应当与层级相匹配。

3. 创造性原理

系统的自我调节过程是以生物群落为核心的，具有创造性。创造性的源泉是系统的多种功能流。创造性是生态系统的本质特性，必须得到高度的尊重，从而保证生态系统提供充足的资源和良好的系统服务。

4. 相关性原理

在一个生态系统中所有的生态学过程都是相互联系的，对生态学过程的某一个方面产生影响的重大干扰将会对整个系统产生影响。

5. 脆弱累积性原理

由于自然的调节作用，处在自动调节平衡状态过程中的生态系统将在一定程度上缓冲人类引起的干扰，直到达到一个既定的临界值之后，这个生态系统才会因难以抵抗这种干扰而崩溃。

2.1.4 生态系统健康标准

生态系统健康评价既包括短期到长期的时间尺度，也包括从地方到区域的空间尺度上生态系统的健康问题，涉及生态系统的各个方面。对生态系统健康的综合评价一般从四个方面入手：生物学范畴、社会经济范畴、人类健康范畴、社会公共政策范畴。这四方面应综合在一起构成了一个完整的评价体系。对复杂生态系统的健康评价，既要从个体角度独立分析，也要对整体进行综合评价。概括起来，生态系统健康的指标主要包括八个方面：活力、恢复力、组织结构、生态系统服务功能的维持、管理选择、外部补贴、对邻近系统的危害及对人类健康的影响。这些标准将应用到生态系统的生理、社会经济和人类健康等方面，来综合地进行生态系统的健康评价。这些评价标准集中反映了生态系统要满足人类生存与社会经济可持续发展对环境质量的要求，即必须能够保证人类的健康；保证对资源的合理利用以及为人类提供适宜的生存环境质量。这些指标包括了来源于经济学的指标，如人口增长、资源消费和技术发展导致人类对环境的影响强度的不断增加等。

2.1.5 生态系统健康评价指标体系

生态系统健康评价指标是指用来诊断生态系统健康状况的相应变量或组分，并能够提供生态系统或组分的综合性特征。相对于传统的环境评价方法仅仅着眼于物理化学参数或生物检测技术的局限性，生态系统健康评价作为一门交叉科学的实践，不仅包括系统综合水平、群落水平、种群及个体水平等多尺度的生态指标来体现系统的复杂性，还结合了物理、化学方面的指标以及社会经济、人类健康指标，以此来反映生态系统为人类社会提供生态服务的质量与可持续性。目前，生态系统的健康评价主要集中于生态系统活力、组织结构和恢复力的研究上。乌兰诺维奇和瑞波特等（Ulanowicz and Rapport et al.）发展了活力、组织结构和恢复力的测量及预测公式，通过公式计算出的结果可评价自然生态系统的健康程度。

2.1.6 生态系统健康评价方法

对于生态系统的健康评价研究目前主要针对单个系统进行，如河流、湿地、湖泊、农业、森林、草地、海洋等，评价方法包括指示生物法、综合指标评价法和模型评价法。

1. 指示生物法

指示生物法是选取系统中不同层次的代表生物，能够较灵敏地反映环境的变化，指示系统的健康状况，并进行诊断，好比人体健康中的体温、心跳、血压等指示值。该方法简单明了，得到了广泛的应用。该方法在实际应用中，可以选择单指标进行评价，如河流健康评级中的预测模型法（predictive models），选择底栖无脊椎动物作为监测对象（RIVPACS，AusRivAS），通过把某研究地点实际的生物组成与在无人为干扰情况下该点可能的情况进行比较。无人为干扰情况下可能的情况需要通过选择无人为干扰或干扰最小的样点作为参考，建立理想状态下样点的环境特征及生物组成的经验模型。也可选择多指标方法（multimetrics），通过对观察点的一系列生物特征指标与参考点进行比较并计分，累加计分进行健康评价。

2. 综合指标评价法

综合指标评价法是从生态系统的物理、环境、生物等多个角度选取指标，对生态系统的健康状况进行综合评价。评价指标已经从生物、物理等角度扩展到综合考虑社会、经济与人类健康方面。加拿大国际发展研究中心（IDRC）目前实施的一项生态系统健康研究计划就是资助发展中国家开展人口增长、资源利用、技术进步与人类健康间关系的研究，从而利用生态系统的方法促进人类及环境的健康发展。具体包括两种形式：

一种是选择一系列的指标，从不同角度对生态系统健康进行描述，根据各指标的评价标准，分别进行评价，然后根据指标的权重进行综合。评价指标包括活力、组织结构、恢复力、维持生态系统服务、对相邻生态系统的危害、人类健康状况、管理的选择、减少投入等八个方面，目前对前三个指标的研究较为深入。瑞波特等、卡尔、凯恩斯等从生态、社会经济与人类健康、物化等角度提出了多组类似而各有侧重的指标体系。

另一种形式是构造一个综合指数，包含生态系统健康多个层面的描述。如科斯坦萨等人提出的生态系统健康指数（Health Index，HI）：$HI = V \times O \times R$，V、O、R 分别代表生态系统健康的三个层面：活力、组织结构和恢复力，而评价不同生态系统的状况指数是由各自不同的方面及若干项指标综合而成。

综合指标评价法在城市、湿地等各种生态系统健康评价中得到了广泛应用。

3. 模型评价法

生态系统模型是研究、分析和描述生态系统的基本方法，它从系统的基本组分、结构和行为出发，揭示系统最本质的特性和行为。模型有三种目的：理解、评价和优化。为了更好地理解生态系统的组成和结构，物质循环及能量流动的过程，特纳（Turner, M. G.）、明斯克（Minns, C. K.）、奥达姆（Odum, E. P）等分别从环境科学、系统生态学、能量流动、昆虫生态学、全球生态等角度提出了多个生态模型，约根森等（Jorgensen, S. E. et al.）对生态模型进行了全面的分析和总结。但这些生态模型把人类活动的组成和结构考虑在生态系统之外，当作生态系统的一个外来影响因素。

生态系统模型应用于生态系统健康研究，则要将人类活动的组成和结构作为生态系统组成和结构的一部分来综合考虑，并运用生态系统管理中有实际操作意义的量来进行评价。麦吉等（Mageau et al.）提出了一个结合价值评价的趋势模拟方法来全面评价生态系统健康。该方法提出生态仿真模型，通过不同生态演替阶段的输出来刻画生态系统的发展方式，用易于计算的数量化指标来跟踪生态演替过程，这些趋势的逆向变化正好揭示了人类胁迫下的生态系统响应，并介绍了没有市场价值的生态系统组分的价值评估方法，加入到生态系统健康评价中。实践表明人类胁迫对区域生态系统影响的模拟研究是非常有价值的，将有助于人们更好地理解和管理生态系统。

2.1.7 生态系统健康评价研究的不足

生态系统健康作为一门研究人类活动社会组织自然系统的综合性学科，在定义上还存在很大争议，目前具有权威性的定义是科斯坦萨所提出的：如果一个生态系统是稳定和持续的，也就是说它是活跃的能够维持它的组织结构，并能够在一段时间后自动从胁迫状态下恢复过来，则这个生态系统是健康和不受胁迫综合征的影响。

关于生态系统的稳定性与生态系统健康问题的研究也存在争议。生态系统的稳定性是指生态系统保持正常状态的能力，主要包括恢复力和抵抗力。麦克阿瑟和艾尔顿等（MacArthur and Elton et al.）提出群落复杂性导致了群落的稳定性，但梅（May）通过数学模型模拟表明，随着复杂性的增加，生态系统趋于降低稳定性。因此，目前关于生态系统复杂性与稳定性（健康）是否有关系及其关系如何尚有争论，即生态系统复杂性与生态系统稳定的关系还很难确定；生态系统的稳定性与生态系统健康的关系也同样很难确定。

比如说，有学者认为稳定的生态系统是健康的，但健康的生态系统不一定是稳定的；有的认为稳定的生态系统不一定是健康的；而生态系统稳定性的两个重要的指标恢复力和抵抗力是包含在生态系统健康标准中的，而且干扰与这两个指标紧密相关，等等。

2.2 应用生态学范式研究高新技术产业开发区健康的科学性

2.2.1 生态学的形成与发展及其研究对象

生态学的英文是 Ecology，它源于希腊文“oikos”和“logos”，

“oikos”的含义是房子住处或家务；“logos”的原意是学科或讨论，二者合起来即为：研究生物住处的科学。1866年，德国动物学家海克尔（Haeckel）首次为生态学下的定义是：生态学是研究生物与其环境相关关系的科学。之后，很多学者对生态学的定义都没有超出海克尔（Haeckel）定义的范围。生态学发展迈出的第一步，是从个体的观察转向群体的研究，以19世纪末到1930年谢尔福德等（Shelford et al.）编著的《生物生态学》为代表，这一期间的群落研究为后来生态系统概念的提出和研究打下了基础。生态学第二步的重大发展，是开展生态系统的研究。1935年，英国植物生态学家坦斯勒（A. G. Tansley）提出了生态系统的概念，开始从更宏观的角度认识系统，强调生物与环境的整体性、生态系统内生物成分与非生物成分在功能上的统一、把生物成分和非生物成分当作一个统一的自然实体。20世纪60～70年代，生态学进入了生态系统研究的大发展时期，有关生态系统的理论和应用大量出现，最具有代表性的是生态学家奥德穆（E. P. Odum）所著的《生态学基础》（*Fundamentals of Ecology*），世界科协也在1964～1974年的10年里，研究了世界上各类生态系统的结构、功能和生物生产力，为自然资源管理和环境保护提供了科学依据。但此前人类对生态学的研究还都只是站在第三者的立场上，研究生物与环境的相互关系，并没有把人类自身放在生态系统中来考虑。虽说美国社会学家帕克等（Park et al.）人早在1921年就提出了人类生态学的概念，但是，直到20世纪80年代，由于人口猛增所引起的环境问题和资源问题的加剧，现代生态学的研究才逐步把人类作为研究主体，从自然生态系统的研究发展到人类生态系统的研究，把人放在了中心的位置。由于现代生态学在研究方法和理论上的巨大变化，使得生态学具有了越来越大的应用价值，人们开始向生态学寻求解决问题的途径。

1972 年，联合国在瑞典首都斯德哥尔摩召开了联合国人类环境会议，通过了“联合国人类环境宣言”，提出了“只有一个地球”的口号。很明显，现代生态学更加强调生态学应该与社会学尤其是经济学紧密结合，侧重研究“社会—经济—自然”系统的运行规律，在改造世界和造福人类方面发挥着越来越重要的作用。奥德穆在 1997 年出版的《生态学：科学和社会的桥梁》中，称生态学是一门独立于生物学，甚至是独立于自然科学之外的有关人类社会持续发展的系统科学，一门认识天人关系的系统哲学，改造自然的系统工程学和欣赏自然的系统美学。因此，生态学的基本原理既可应用于生物，也可应用于人类自身及人类所从事的各项生产活动。

生态学是一门综合性很强的科学，一般可分为理论生态学和应用生态学两大类。其中又可以从不同的角度进行分类，不同的生态学其研究对象是不同的。

基础生态学以个体、种群、群落、生态系统等不同的等级单元为研究对象；生态系统生态学则以生态系统组分、结构与功能、发展与演替等为研究对象；人类生态学把自然人与社会人的发展与进化置于社会文化和生存环境关系的动态历史背景中，从人类的生物生态适应和文化适应两个层面对比分析；动物生态学、植物生态学、微生物生态、哺乳动物生态学、鱼类生态学等则是理论生态学中按照生物类别进行的一种分类；按照生物栖息地进行划分，又可以分为陆地生态学、草原生态学、太空生态学等；按照生态学与具体研究方法相结合的特点，又产生了系统生态学、能量生态学等；将生态学的观念、原则、方法和原理应用于不同的学科领域，研究特殊领域的问题，则形成了不同的交叉学科：农业生态学、污染生态学、放射生态学、自然资源生态学、经济生态学、城市生态学、工业生态学、技术生态学、知识生态学、组织生态学、信息生态学等。

2.2.2 生态学范式的科学性及其特点

如前所述，借鉴生态学理论和方法对高新技术产业开发区健康性进行评价研究，不可能是全面的、系统的，只能是应用生态学范式来研究高新技术产业开发区在发展过程中的一些重要问题，例如，评价高新技术产业开发区是否健康，需要基于高新技术产业开发区组织结构的维持能力、高新技术产业开发区的功能过程及高新技术产业开发区结构胁迫下的抵抗能力等来确定指标。根据我国高新技术产业开发区现状，可以在借鉴生态系统生态学健康理论的基础上，通过对高新技术产业开发区的生存性（基本功能）和高新技术产业开发区与其他系统的关系（相邻关系）的考察研究，即以系统活力、组织结构和抵抗力作为基本评价指标来进行。

“范式”（paradigm）是被科学共同体普遍达成共识的、并在一定时期内所广泛应用的、由世界观、方法论以及一系列概念、方法、规则和原理所构成的巨大体系。科学哲学家库恩（Coon）把“范式”界定为理论体系、研究规则和方法的“结构”，并认为范式规范着研究者的价值取向和观察世界的角度，决定着问题的提出、材料的选择、抽象的方法、合理性标准的确立及问题的解决。

生态学领域内认识问题、分析问题、解决问题的一系列概念、观念、原理、规则和方法，就构成了生态学范式。

生态学范式的特点是：首先，强调“平衡”，即生态系统是一个封闭系统，系统常常会趋向于达到一种稳定或平衡的状态，从而使系统内的所有构成要素之间能够彼此相互协调。由于生态系统本身具有一种负反馈自我调节机制，当系统的这种自我调节机制能够正常发挥作用时，就能够实现并维持这种平衡状态。其次，强调系统的整体有序和动态变化，强调其复杂性和非线性。生态系统的各个组成部分之间存在着复杂的相互联系和相互作用，表现为一种有规律的联系，一种宏观整体上有序的状态，而且这种有序不能理解为事物的静态结构，而是事物内部的力量和环境影响的外部力量形成的一种动态平衡。同时还认为，应当把系统当作具有复杂性的整体来研究，当成由相互作用关系网络的整体来研究。在研究过程中，被研究的对象和它所依赖的环境应该被看成一个有机的整体，而不能孤立地把对象从环境中作为实体分割后抽离出来。生态学范式对研究对象的整体关系的把握，既是一种对网络关系的整体把握，也是一种对非常复杂的所有非线性相互关系的完整把握。最后，在解决问题上，生态学范式不是单一地消灭或改变要素，而是主张达到一种系统内的平衡。

2.2.3 生态学范式应用的广泛性

近年来，理论界已经关注到了创新行为的生态学特征：国外学者如贝尔图利亚等（Bertuglia et al.）研究了创新行为的时空特征，阿斯艾（Athreye）探讨了竞争与创新行为的关系，克拉弗等（Claver et al.）则研究了组织文化对技术创新行为的作用，黑德等（Head et al.）推测群居行为（herding behaviour）可能导致产业群和创新。国内学者如李子和等注意到了高新高新技术产业开发区的生态学特征，黄鲁成运用生态学原理对区域技术创新系统进行了研究，刘友金等则以群落学为基础探讨了高新技术产业开发区的组织形式和创新优势等，罗友发等则运用行为生态学的理论对技术创新形成与演化等进行了研究。

由于生态学与人类生态环境密切相关，具有很强的实践性，使得生态学在自然科学、社会科学和社会发展有关的许多方面，都具有指导意义和应用价值。另外，现代生态学还特别强调生态学自身与社会学尤其是与经济学的紧密结合，侧重研究“社会—经济—自然”复合系统的运行规律。因此，有的学者认为，“生态学和系统思想与系统工程一样成为横断科学”，生态学的许多原理和方法在人类生产活动的许多方面得到了应用，并对社会经济、科技、政治产生着重要的影响。

例如，如何在保证工业持续发展和经济持续增长的同时，既能保护人类赖以生存的生态环境，又能减少对有限资源的消耗？1989 年，哈佛大学教授罗伯特 · A · 佛罗施（Robert A. Frosch）等学者，提出了工业生态学的概念，注重工业生产效率和对废弃物的循环使用，以减少工业污染和资源的减少，保护人类赖以生存的生态环境。

技术生态学是以生态学方法综合考察技术活动本身及其与环境的关系，据此来评价技术体系是否符合人类对生态环境的要求，使人类技术体系与人、自然生态环境相适应，有利于人类的全面发展。

鲍文德（B. Bowonder）认为，知识系统与生态系统具有许多相似的特点，例如，生态系统中存在的生态金字塔——底层是大量的低等植物群落和动物群落，中间是营养层，顶层是少量的高级组织；知识系统也存在知识金字塔—底层是大量的基础知识，中间层是构成组织生存能力的知识，顶层是构成组织核心竞争力的知识；生态系统中标老物种的衰败和新物种的产生与发展，反映了生态系统的进化和演替规律，而知识系统中旧知识的淘汰和新知识的产生同样也反映了系统的进化和演替规律，因此，信息生态学和知识生态学便应运而生。

与此同时，很多学者也探讨了生态学的基本观念在不同学科领域的应用，如“当代城市研究的生态学方法”“法制建设的生态学思考”“美学的生态学时代”“城市可持续发展的生态学分析”“组织学习的困境、对策及生态学解释”“产业群的类型与生态学特征”，等等。

2.2.4 应用生态学范式的可行性

由于高新技术产业开发区发展的健康性问题涉及高新技术产业开发区的可持续发展，因此，高新技术产业开发区的健康评价研究就显得极为迫切。借鉴生态学理论和方法进行高新技术产业开发区健康评价研究，实际上是生态学范式在高新技术产业开发区管理研究中的应用。

一方面，高新技术产业开发区的技术创新活动不仅是社会经济活动的内生变量，直接影响着社会经济的发展，而且对自然生态环境也有着重要影响，经济发展所要求的生态环境的改善是建立在正确、合理使用自然资源基础上的，经济发展过程中资源开采技术、资源使用技术的不同，会对自然生态环境造成破坏或污染，由于生态环境具有很强的关联性，这将对社会经济的持续增长产生持久的危害，因此，这都将对高新技术产业开发区技术创新的内容和方向产生一定影响。

另一方面，高新技术产业开发区技术创新系统本身也具有生态系统的许多特征，因此具备了应用生态学的基础。

1. 高新技术产业开发区系统结构

高新技术产业开发区系统的生态特征体现在：高新技术产业开发区系统在其结构和特性上与生态系统极其相似，两者存在着本质的联系，具体体现在：

（1）高新技术产业开发区是一个复杂的创新网络系统。

正如卡马尼（Camagni）所言，技术创新是一个不可逆的、路径依赖的和进化的过程。在竞争环境下，技术创新的动态性过程必然导致了创新风险及其不可逆的选择。由于创新结果的不可预测性，从而引起了创新过程的阶段性变化，并最终导致了新知识的增加和技术创新环境的变化。同时，由于高新技术创新过程的各个阶段在时间上的重叠性和相互的反馈性特征，不仅增加了技术创新的复杂性，而且使得技术创新超出了通常的组织活动范围，创新由不同能力的组织产生，并通过不同的组织之间的合作来实施，形成了一个由供应商、客户、竞争者、参与创新过程的其他公司、大学、研究机构、政府和非政府机构等组成的一种网络状组织。显然，这是一种适应知识经济社会和高新技术创新的新型组织模式，是为了响应组织对创新知识的需求。随着竞争的加剧，技术创新速度的加快和市场动态性的增加，现代技术创新活动已经发展成为一种多方合作、交互缠绕的网络式创新。因此，企业内外的创新网络是成功创新的基础，创新的位置已经从企业转向了网络。

（2）高新技术产业开发区是一个具有广泛交互作用的系统。

高新技术产业开发区创新网络的主要特征，是创新过程中不同行为者的交互作用性。由于信息在不同行为主体间的流动，为知识和技能的交流创造了一个相互作用的环境并导致了知识的积累，从而实现了对现存产品的改进或新产品的创新。例如，创新的生产商和使用者之间的信息交互作用和交换，完成了创新链中从基础研究到新产品开发的每一个具体步骤。

由于这种网络结构提供了比企业等级组织更为广阔的学习界面，使得技术创新可以在多个方面、多个环节中发生。例如，从基础研究到新产品的开发过程中，实际上体现了生产商和消费者之间存在的频繁的信息流动、能量转换和物质交流的交互作用，从而实现了产品的改进和新产品的创新。

创造新颖性和多样性是高新技术产业开发区网络结构最基本的特点。谢奈（Chesnais）认为，网络不仅仅是对现有资源的选择方式，而且创造了新的经济资源。高新技术产业开发区系统通过整合不同网络成员孤立的技术能力而形成新的高技术创新能力。因此，高新技术产业开发区系统创新能力的发展只有在这种交互互动的过程中得以实现，并通过与其他网络的联结，实现高技术创新及其产业化的目标。

2. 高新技术产业开发区系统与生态系统的特性相似性

（1）适应性。

高新技术产业开发区系统中，对环境反应敏感和具有较强竞争力、抵抗（恢复力）力的创新主体，通过对环境的分析并能够快速设计和建立相应的反应机制，才能够适应环境的变化并且健康地存活下来。从一个开放系统的视角来分析高新技术产业开发区，它的创新效率与它所处的环境显然是紧密关联的，环境构成了高新技术产业开发区内部管理的基础。对于处于动态变化环境中高技术企业，环境的变化将会导致高新技术产业开发区企业创新无法完全按照预定目标进行，从而对企业的创新管理战略及其创新策略提出挑战，促使企业不断进行相应的创新调整。在高新技术产业开发区产业环境、市场环境、融资环境和技术环境等不断变化以及高新技术产业开发区企业随之进行的创新战略与策略的调整和改变过程中，高新技术产业开发区系统完成了不断向更高层次的跃迁。

（2）协同性。

尼尔森（Nelson）认为，技术变化是一个选择、学习和适应的过程，因此可以应用生物学的协同进化理论来进行研究。同样，约翰·齐曼（John Ziman）等也在其研究中得出了类似的结论，技术创新必定是一种协同进化过程。

竞争普遍存在于高新技术产业开发区的不同企业之间，通过竞争使那些缺乏核心竞争力的弱势企业被淘汰，强势企业得以保留。在高新技术产业开发区系统中，技术创新与制度创新的协同共进，为竞争者提供了竞争优势。由于高新技术产业开发区技术环境中的组织及其联系的动态特性，要求企业为了迎接竞争应该积极寻求技术出路，例如，通过采用更有效的技术来控制成本或扩大市场需求。但由于技术复杂性的增加，要求企业之间通过技术合作，实现资源互补，由于这种合作过程增加了企业间更多的协作机会和彼此之间的信任，企业间由以往单纯的竞争关系逐步转化为协作关系，并在这种协同发展过的程中增强了各自的竞争实力，实现了共同发展。

（3）相关性。

生态系统中各物种间的相互作用和协调发展，使得系统具有旺盛的循环再生功能，系统中的互利共生关系提供了系统成员之间的互补作用和相互联系。在高新技术产业开发区系统中，创新是具有技术相关性特征的，要取得技术创新的成功，就必须以其他技术、互补性资产和使用者的联系能够持续维持为基础。由于技术创新资源分布在不同的组织中，只有这些组织密切交流、相互联系、相互适应，技术创新的商业化产业化才有机会获得成功。而且成功的商业创新通常要求在研发、制造、销售和服务之间能够快速决策、有效协调。实践证明，技术创新越复杂，创新网络之间的链接就应该越精致高效。

（4）有序性。

生态系统是开放系统，植物、动物、微生物通过自身的新陈代谢将太阳能转化为生物产品，同时它们在通过呼吸作用与外界进行能量交换的过程中，降低了系统的熵值，从而保持了系统的低熵，形成了系统的有序性。

高新技术产业开发区系统内的企业在不断引入创新资源的过程中，增加了系统的熵值，导致企业创新过程的无序，为了形成高新技术产业开发区创新企业的有序运行，企业必须通过创新机制建设，不断调整和完善创新组织结构，提高系统创新活力，增强系统对来自于环境威胁的抵抗力，从而引进负熵流以减少系统的熵增，引导高新技术产业开发区系统健康发展，形成系统的有序性。

（5）再生性。

生态系统通过生物的新陈代谢，不断地将无机物合成有机物，为生物的生存提供了食物和能量保证，同时，通过其自身不断的分解过程，完成了生态系统的物质能量循环，保持了系统旺盛的生命力，实现了生态系统的更新。

高新技术产业开发区系统也存在新陈代谢规律。新技术代替落后技术、新产品代替旧产品的过程实质上就是一个高新技术企业从诞生、发展直到成功的动态演变过程。高新技术产业开发区健康管理可以促进高新技术企业新陈代谢的演替过程。系统内的企业通过健康管理系统不断从外界引进吸收新的创新资源，将其转化为创新产品，同时通过将创新过程中产生的新知识的积累过程奠定了后续创新的基础，由此而来形成了高新技术企业创新的代谢循环，并通过不断地推出新技术、新产品以及对新产品市场的开拓，延续了高新技术企业的生命力。

3. 高新技术产业开发区系统与自然生态系统的要素对比

高新技术产业开发区系统是由组织和个人所组成的一个经济联合体，其成员包括政府、核心企业、科研机构、中介机构、管理机构和风险承担者，在一定程度上还包括竞争者，这些成分之间构成了价值链，类似于自然生态系统中的食物链，不同的链之间相互交织形成了价值网，物质、能量和信息等通过价值网在联合体成员间流动和循环。不过，与自然生态系统的食物链不同的是，价值链个环节之间不是吃与被吃的关系，而是价值或利益交换的关系。从这个意义上说，处在价值链的一个环节两端的高科技中小企业更像是共生关系，多个共生关系就形成了高新技术产业开发区生态系统的价值网。

高新技术产业开发区与生态系统具有可比的要素构成（如表2－1所示）。

表2－1　高新技术产业开发区技术创新系统与生态系统的要素对比

生态系统要素	定义	高新技术产业开发区创新系统要素	定义
物种	有机体（生物）	创新复合组织	创新主体与相关主体
生境	生物特定的生活环境	创新复合环境	技术创新的人文环境、物质和生态环境
种群	同种有机体的集合群	创新种群	同质技术创新复合组织的集合
群落	不同生物种群的集合	创新群落	不同创新种群的集合
生态系统	群落与环境相互作用的系统	高新技术产业开发区系统	高新区创新群落与复合环境相互作用的系统
能量流动	热能在生物系统内的流转	能量流动	热能在高新技术产业开发区系统内的流转
信息流动	物种间的联系	信息流动	创新知识的产生与扩散
进化	发展变化满足新环境的机制	改进性创新	现有技术的渐进、连续创新
生存	在争夺相同资源中存活	创新能力（活力）	技术创新及其核心竞争的能力
适应	随自然环境变化而变化	应变	对变化的自然、技术、社会环境做出反应
协同共进	物种通过互补而共同进化	系统协调	高新技术产业开发区各行业子系统的协调发展
突变	超越常规进程的变化	根本性创新	技术上的重大突破
食物网	有机体的营养位置及关系	创新网络	基于创新效益的创新组织关系
生产者	用无机物制造有机物者	创新主体	实施技术创新的企业、机构和政府组织
消费者	消费生产者制造的有机物者	创新成果的使用者	使用新技术（产品、工艺）者
互利共生	相互以对方的存在发展为前提	技术创新共生	技术创新复合组织间的联合与联盟

由于生态系统中存在着个体、种群、群落和生态系统的行为演化，在高新技术产业开发区系统中也同样存在个体技术创新、种群技术创新、群落技术创新和高新技术产业开发区整体创新行为的演化，高新技术产业开发区及其技术创新也有一个进化演替的过程。

从现有的研究和实践来看，生态系统与高新技术产业开发区系统之间存在着较多相似的特点和本质联系，正如表2－1对这两个系统相关要素进行的归纳总结。显然，本书所涉及的研究对象具有生态系统的相关特征，因此从生态学范式的角度认识高新技术产业开发区系统和它的规律性便具有了科学的基础，也为启迪解决问题的思路提供了新的方法。

4. 高新技术产业开发区与生态系统的行为对比

高新技术产业开发区技术创新系统的行为特征也具有明显的生态学特征。在生态系统中，物种的生存依靠的是能量；高新技术产业开发区系统中，持续的技术创新取决于持续的知识创新。

在生态系统中，适者生存是通过物种变换的自然选择来实现的；高新技术产业开发区系统中，高技术企业的生命力是通过不断的技术创新来满足消费者需求而延续的。

在生态系统中，协同共进促进了相互的依赖和协调；高新技术产业开发区系统中，技术创新与制度创新的协同共进，为竞争者提供了竞争优势。

在生态系统中，互利共生提供了互补的作用和联系；高新技术产业开发区系统中，技术创新共生（技术创新联盟或者技术创新集群）维持着技术创新主体间的合作，提高了总体的（高新技术产业开发区技术创新的整体能力）竞争能力（技术创新中没有寄生关系，因为企业都是赢利性的，不会容许寄生）。

在生态系统中，通过捕食弱者而使种群维持在平衡水平上；

高新技术产业开发区系统中，创新的技术与产品不断更替着旧的技术与产品。

在生态系统中，食物链中高层次的物种有更多的生存机会；高新技术产业开发区系统中，具有强创新能力的主体能够在竞争压力下具有更好的生存机会。

在生态系统中，当出现新的环境并不断变化时，对环境进行监控并迅速做出反应的物种，能够更好地适应这种环境和变化；高新技术产业开发区系统中，对环境反应敏感和具有较强竞争力、抵抗（恢复力）力的创新主体，通过对环境的分析并能够快速设计和建立相应的反应机制，才能够适应环境的变化并且健康地存活下来。

在生态系统中，能够迅速学习的物种，才能以更好的方式适应迅速变化的环境；高新技术产业开发区系统中，只有那些学习速度很快的创新主体，对环境变化所带来的威胁才会具有更强的抵抗能力和适应能力。

在生态系统中，有个体、种群、群落和生态系统的行为演化，具有其自身的规律性；高新技术产业开发区系统中，有个体技术创新、种群技术创新、群落技术创新和高新技术产业开发区整体创新行为，并存在自身的演化规律。

2.2.5 高新技术产业开发区健康研究中应用生态学范式的思路

从以下的相关分析中可以看出，高新技术产业开发区系统的生态学特征决定了应用生态学范式对其进行研究的科学性。

1. 生态学理论与高新技术产业开发区系统

生态学理论按照研究对象的不同层次，可以分为个体生态学、种群生态学、群落生态学和生态系统生态学。

个体生态学以生物个体为研究对象，阐述的是个体与自然环境的相互关系，探讨环境因子对生物个体的影响以及它们对环境所产生的反映。个体生态学对生物个体生命特征、成长、年龄的研究及其规律，可以用来分析高新技术产业开发区内个体技术创新行为与调节：包括个体技术创新主体的特征；个体技术创新主体与环境的关系；分析生态位与技术创新的关系；分析技术创新的制约因子与应变行为。

种群是指一定时间、一定区域内同种个体的组合。在自然界中，个体总是以种群的形式存在，与环境之间的关系也必须考虑到种群的特性及其增长规律。种群生态学阐述了由个体之间相互作用所表现出来的集合群的特征和行为，以及这种集合群的结构形成、发展和运动变化规律。这一规律可以用于分析高新技术产业开发区创新系统内的相关问题，例如，系统内相同种群之间的共生行为；不同种群之间的共生行为；种群增长模式下的技术创新对策—k 对策和 r 对策；种群技术创新的活跃性，等等。

群落生态学揭示了群落中各个种群的关系以及群落的自我调节和演替规律。群落是指一定时间内居住在一定空间范围内的生物种群的集合。群落具有以下特征：群落内的各种生物并不是偶然散布的、孤立的，而是相互之间存在物质循环和能量转移的复杂联系；群落具有发展和演变的动态特征；群落内存在协调控制机制。那么，对于研究高新技术产业开发区内创新群落及其特征、创新群落的稳定性与多样性要求、创新群落技术创新的演化等都具有一定的借鉴。

生态系统是指生物群落与生活环境间由于相互作用而形成的一种稳定的自然系统。生态系统生态学阐述了生态系统的特征、结构与功能、发展与演替、运行（能量、物质、信息流动）与控制规律，而对于高新技术产业开发区创新系统的整体创新行为的研究同样可以借助于生态系统生态学的相关规律，例如，高新技术产业开发区创新网络与创新行为、高新技术产业开发区系统健康状态，等等。

2. 生态学方法与高新技术产业开发区系统

生态学方法与高新技术产业开发区系统的能量流、物质流、信息流；高新技术产业开发区创新系统的知识管理；高新技术产业开发区创新系统的调节原则和方法；高新技术产业开发区创新系统的评价问题，等等。

综观生态学的相关研究方法可以发现，具有特点的生态学方法主要有：生命表技术、群落数量分类方法、生态模型法等，它们均属于实证研究方法。

生命表就是通过观察同一时间出生的生物死亡或存活而获得的数据表。生命表实际上是反映生态系统健康的又一个重要的标准。生命表直观地反映了种群数量动态的相关特征，如各年龄的死亡率、死亡原因，或者反映时间特征的存活率、繁殖力等。虽然生命表提供的是一种表面的直观现象，但如果能够对这些表面的资料进行综合归纳，应用生命表所提供的信息，通过相关方法（包括数学方法）的分析，可以寻求种群数量变动的内在规律，探索种群数量变动机制。

这一方法可以用于分析高新技术产业开发区内技术创新主体及其创新活动的生命特征，寻找保持高新技术产业开发区技术创新主体持续创新活力的因素。

群落数量分类包括两大方面的内容，即分类和排序。数值分类是20世纪50年代以后发展的客观分类群落及种内生态类型的技术方法。这一方法通过计算群落样地两两之间的相似系数或相异系数，列出相似系数矩阵，最后按照一定程序进行样地的聚类或划分，得出表征同质群落类型的树状图。排序技术是确定环境因子、种群和群落三方面存在的复杂关系，并将其概括抽象的方法。通过排序可以显示出实体在属性空间中位置的相对关系和变化趋势。这一方法可以用于对不同高新技术产业开发区系统进行比较和分析。

生态模型是对生物种群或群落系统行为的时间和空间变化的数学概括。生态数学模型仅仅是实际生态系统的抽象，每一个模型都有其一定的限度和有效范围。生态模型可以用来研究对象的某种规律，提供进一步研究的起点。同时，也可以作为预测的工具，通过对生态模型的计算分析，阐释生态现象在未来的发展趋势；还可以用作管理工具，在对生态现象做出预测的基础上，借助模型对真实系统施加适度的人为影响，使系统朝着人类希望的方向发展；生态学模型还可以在人们对某些过程知之甚少的情况下，提示人们加强某些方面的研究。生态学模型为创新型企业的成长发展提供了分析工具，为分析创新企业之间的竞争关系、分析创新企业之间的互利共生关系提供了研究方法。

2.3 高新技术产业开发区健康与相关概念的逻辑关系研究

国际生态系统健康协会主席科斯坦萨这样定义生态系统健康：如果一个生态系统是稳定和持续的，也就是说它是活跃的、能够维持它的组织结构，并能够在一段时间后自动从胁迫状态恢复过来，这个生态系统是健康和不受胁迫综合征影响的。因此，我们对高新技术产业开发区系统健康可以这样理解：高新技术产业开发区系统健康是高新技术产业开发区系统内部秩序和组织的整体状况，如系统正常的能量流动和物质循环未受到损伤，关键系统成分保留，系统对于外界干扰的长期效应具有抵抗力和恢复力，系统能够维持自身组织结构长期稳定，并提供合乎人类社会需求的高新技术服务。

高新技术产业开发区系统健康反映了复杂系统及其各组分的状态及其过程，是一个涉及多学科的、动态的问题。从国内外相关研究文献来看，目前对于高新技术产业开发区健康的系统性研究几乎没有涉及，因此，本书首先要研究的问题就是对与高新技术产业开发区系统健康相关概念之间的关系探讨。其次根据高新技术产业健康发展的特征及其内涵，结合数学上的条件逻辑关系和逻辑分析方法，对与高新技术产业开发区系统健康相关的概念即可持续性、稳定性、连续性和持久性之间的关系，要从逻辑上进行研究，试图探讨其内在的联系，使之不仅直观而且更加严谨和正式。

2.3.1　条件逻辑

条件状态关系即“如果 A 则 B”。A 是 B 的充分条件，B 是 A 的必要条件。也可以写成“A≯B”，这是一种数学理论形式，这种逻辑关系结果为真或假。它的逆命题是“如果 B 则 A”，即 B≯A，B 是 A 的充分条件，而 A 是 B 的必要条件。如果它的原命题和逆命题都为真的话，即 A 和 B 都各是对方的充分必要条件，则“A 当且仅当 B”，即 A≈B。假设用“～”表示否定，则原命题的否命题是“～A≯～B”，它的逆否命题是“～B≯～A”。逆命题和否命题有相同的逻辑结果；同样，原命题和逆否命题在逻辑上也是相等的。

2.3.2　高新技术产业开发区系统健康与相关概念的逻辑关系

高新技术产业开发区健康的一个关键性的标准是它的可持续性，可持续性意味着在外界胁迫因素的作用下，系统能够维持其结构（组织）和功能（活力）。因此，一个健康的系统必定具有稳定性、连续性和持久性。用这些概念来研究高新技术产业开发区系统健康，将会使我们对高新技术产业开发区系统健康发展的研究更加深入，能够加深对高新技术产业开发区系统健康的了解，使它具有更强的可操作性。同时也有助于改变目前我国高新技术产业开发区系统管理中的弊端，从而增加管理的有效性和科学性。

1. 高新技术产业开发区系统的稳定性

由于高新技术产业开发区系统具有宏观自组织系统特征，即具有宏观结构的稳定性、进化方向的有向性和同环境的适应性。其系统进化的有向性决定了其发展的稳定性，同环境的适应性又决定了它存在的稳定性，它们共同构成了其稳定性的基础，这种宏观稳定性就是高新技术产业开发区系统的生态属性。

系统的稳定性包括系统对干扰反应的两个方面，一方面是受到干扰后，系统对胁迫的抵抗能力，也称为抵抗力；另一方面是系统受到外界的干扰后能够从胁迫状态恢复到初始状态能力，也称为恢复力。在生态学上，系统抵抗力一般用不变性和持久性反映系统维持自身稳定程度的能力；而恢复力则涉及恢复的速度和程度，通常是通过恢复的速度和恢复的程度来测量其大小的。

参考生态系统稳定性及其内涵，高新技术产业开发区系统的稳定性同样强调了系统的动态平衡，强调的是有许多稳定状态的系统动态，是一个动态平衡的概念。不变性和持久性同样反映了高新技术产业开发区系统维持自身稳定程度的能力，即高新技术产业开发区系统的抵抗力，在本研究中采用“技术利用效率”指标来测定高新技术产业开发区系统抵抗力的大小，而恢复力则涉及恢复的速度和程度，通常是通过恢复的速度和恢复的程度来测量其大小的，由于人类经济系统的复杂性和动态性，所以很难确定其原始状态或者理想状态的标准是什么，其量化就更加难以确定，测定其恢复力的大小就显得更为困难。因此，本书中对高新技术产业开发区系统健康性的研究采用“抵抗力”来进行描述。

高新技术产业开发区系统健康与干扰和高新技术产业开发区系统的稳定性具有密切关系。一般来讲，健康的系统是稳定的，但稳定的系统不一定都是健康的；干扰作用于稳定的系统或健康的系统，会导致系统的不稳定或不健康，系统的健康状态和稳定性都要通过外界的干扰来表达，即在受到干扰后，通过系统的抵抗力或恢复力来度量系统的健康状态和稳定性；同时，系统稳定性的两个重要的指标即抵抗力和恢复力是包含在系统健康的标准中的，而且干扰也与这两个指标紧密相关。因此，在许多状态下，系统的稳定性可以被认为是系统健康的一个必要条件，即：

系统健康≯稳定性　　(1A)

它的逆否命题是：如果没有稳定性则就没有系统的可持续性

~稳定性≯~健康　　(1B)

一个系统在受到干扰的情况下，如果超越了它的运行轨线，也就否定了系统稳定性和可持续性；同样，如果系统没有超出它的活动范围但在受到干扰后不能恢复到原来的状态，也意味着系统是不健康和不可持续的。如果稳定性是可持续性的充分条件，即：

稳定性~≯健康　　(2A)

~健康~≯~稳定性　　(2B)

因此，高新技术产业开发区系统稳定性包括了两个方面的含义：一方面是系统保持现行状态的能力，即抗干扰的能力；另一方面是系统受到干扰后回归该状态的倾向，即受到干扰后的恢复力。一般地，在生态学中，恒定性、持久性、惯性指的就是系统的抗干扰的能力，而弹性、回复性则是指系统受到干扰后的恢复能力。因此恢复力和抵抗力都反映了系统的稳定程度，在高新技术产业开发区系统的健康概念中，这两个概念都反映了系统受到干扰后维持系统健康状态的能力。在本书中，用抵抗力来测度高新技术产业开发区系统抵抗外界压力的能力。

本书认为，在某些情况下系统健康与系统稳定这两个概念是可以互换的，也可以用系统的稳定性来评价系统的健康性。

2. 高新技术产业开发区系统的连续性

连续性是高新技术产业开发区系统可持续性的一个很重要的方面，系统的连续性可以从以下的数学方法中得到。假设 X 是描述系统水平的“空间状态”变量中的一个矢量，这些状态变量 $X(t_0,t')$ 和 $X(t',t)$ 为时间段 $[t_0,t]$ 内根据状态变量的时间动态来描述系统行为的时间函数。在时间段 $[t_0,t]$ 内的系统行为是 $X(t_0,t)=X(t_0,t')\times X(t',t)$，$X(t_0,t')$ 和 $X(t',t)$ 属于“空间状态”的轨线集合 X，假设 X^* 是一个 X 的子集，同时 $X(t_0,t')$ 也属于 $X--X^*$，则这个系统被认为是连续的，这意味着它的将来状态 $X(t',t)$ 将类似于它的过去状态，即 $X(t',t)\in X--X^*$。而 $X(t',t)\in X^*$，如果将来的行为被认为不是对过去模式的连续，$X(t_0,t')$ 和时间 t 后的系统将会出现分离。因此，连续性被认为是可持续性的充分条件。

$$\text{连续性} \not> \text{可持续性} \tag{3A}$$

$$\sim\text{可持续性} \not> \sim\text{连续性} \tag{3B}$$

但不是必要条件：

$$\text{可持续性} \sim\not> \text{连续性} \tag{4A}$$

$$\sim\text{连续性} \sim\not> \sim\text{可持续性} \tag{4B}$$

例如，水生态系统的富营养化使整个生态系统发生了根本性的变化，在其富营养化发展过程中，是对营养不足状态结束的同时也是另一个更富余营养状态的开始，这也是一个不连续的过程，一个发生了营养不足和富营养化的水生态系统都是不可持续的生态系统，同时也是一个不健康的生态系统。

3. 高新技术产业开发区系统的持久性

高新技术产业开发区系统健康和系统可持续性与时间有关的一个概念就是持久性，即一个系统能够存在多长时间，当提到系统健康与可持续性的时候，必然会强调时间问题。同时持久性也是稳定性的一个重要方面。稳定性通常意味着持久性，人们最关心的是系统的持久性，健康的系统能够维持多长的时间，系统将持续多久，这一方面依赖于干扰的大小，同时也依靠系统原来的健康状态。可持续性是指某一客观事物可以持久或无限地维持或支持下去的能力。从动态上看，意味着系统可以持久或无限地维持，或者是指一个系统健康生存或无限发展的能力。然而客观事物的存在并不是永恒的。一个系统的持久性应该是与这个系统的时间和空间尺度相一致的，并不是所有的系统都有相同的生命期望值。如图 2－1 所示。

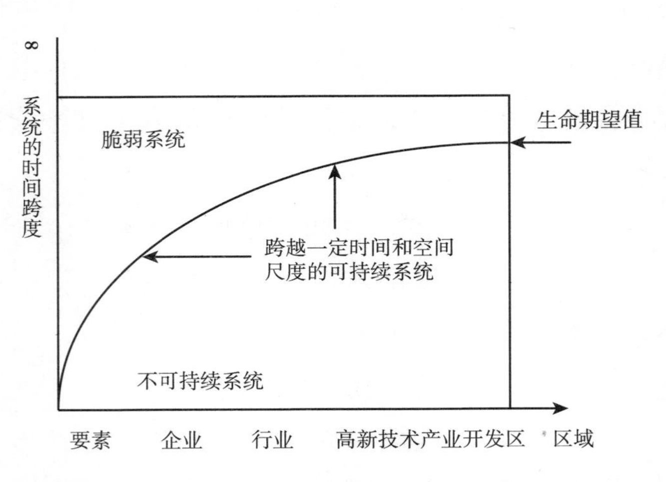

图 2－1　以时间和空间尺度为基础的高新技术产业开发区系统健康和可持续性概念

图 2－1 中的曲线为生命期望曲线，X 轴代表空间跨度，Y

轴代表时间跨度。要素的生命期望值几乎可以看作是零，从要素到企业、行业、高新技术产业开发区系统、再到区域经济系统，生命期望值在逐步增长，区域经济系统的生命期望值最大，但也不是无限的，同时，只有在曲线上才是健康和持续的，在曲线的上面和下面都不是健康和可持续的。因此，一个系统的持久性也是一个相对的概念。

假设〔t_0, t_f〕是希望存在的时间，$X_{〔t0,tf〕} \in X -- X^*$，〔t_0, t〕是在这个范围内的实际持续时间，$X_{〔t0,tf〕} \in X -- X^*$，那么在下列条件下可持续性和持久性是互为充分必要条件：

$$\text{持久性〔} t \geqslant t_f \not< \not> \text{可持续性} \quad (5A)$$

$$\sim \text{可持续性} \not< \not> \sim \text{持久性} (t < t_f) \quad (5B)$$

一个系统的可持续性和健康状况是有一个适当的时间和空间尺度的。在高新技术产业开发区系统水平上，由于内外经济环境的变化、创新系统内在各因素的发展变化、外界的干扰以及其他一些因素的影响，系统总是在发生演替变化，系统也有其最大的生命期望值，一些条件的变化而使这个系统无法达到它预期的生命值。高新技术产业开发区系统内的高新技术企业在其持久性上也同样是这样的规律，因此，如何提高高新技术产业开发区企业的生命力，增强高新技术产业开发区高新技术企业的创新活力和竞争力，就成了高新技术产业开发区管理中面临的十分重要的问题，也是高新技术产业开发区健康发展的关键因素。

4. 高新技术产业开发区系统的可持续性

系统健康与可持续性是系统内在性的构成部分，从系统内部动态去探索健康与可持续性问题具有重要的管理学意义。一般来讲，可持续性是指某一客观事物可持久维持的能力。从动态意义上看，意味着持久或无限地维持或支持一个系统健康生存和发展的能力。系统健康意味着系统的组成成分，结构和功能三者的完整结合和正常运转；而系统发展就是这三者在量和质上的增长，因此系统组成成分，结构与功能动态的健康与发展构成了系统可持续性的基本属性。据此，可以给高新技术产业开发区系统可持续性下一个完整的定义：系统能够持久地维持或支持其内在组分、组织结构和功能的动态健康及其进化发展的潜在和显在的能动性的总和。一个可持续的系统必定是一个健康的系统，由可持续性可以推出其健康性，可持续性是健康的充分条件：

可持续性≯健康　　（6A）

它的逆否命题为：

~健康≯~可持续性　　（6B）

但是健康并不是可持续性的保证：

健康~≯可持续性　　（7A）

~可持续性~≯~健康　　（7B）

如果一个系统是不健康的，则它一定是不可持续的（6B），但是，如果一个系统是不可持续的，并不必定表明它不健康（7B），健康也并不意味着可持续（7A）。一般地，一个好的健康状态是维持一个系统生命过程即可持续性的必要条件而不是充分条件。已经由“一次创业阶段”，进入到了“二次创业”的阶段，如何保持其较好的健康状态，使其具有高新技术创新活力，增强高新技术产业开发区持续创新的能力，是高新技术产业开发区管理中的重要问题。

高新技术产业开发区系统健康因其系统的复杂性以及外界胁迫的不确定性而无法给出一个明确的定义。从系统健康和系统创新的持续性以及与之相关的几个特征参数的逻辑关系可以看出，它们之间是相互联系的，而且存在很强的相关性。同时这种分析也对诸如高新技术产业开发区系统健康、可持续性等一样难以定义的概念从另一个角度进行了探讨，如图 2－2 所示。

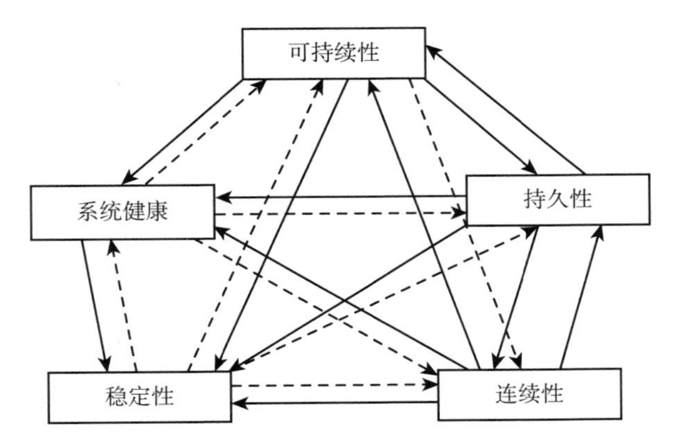

注：实线箭头表示能够推导出，虚线箭头表示不能推导出。

图 2－2　系统健康、可持续性、稳定性、连续性和持久性之间的逻辑关系

下面是高新技术产业开发区系统健康及其相关概念的逻辑关系的总结：

可持续性和稳定性：	可持续性 ⊁ 稳定性	（1A）
	稳定性 ~ ⊁ 可持续性	（2A）
可持续性与连续性：	可持续性 ~ ⊁ 连续性	（4A）
	连续性 ⊁ 可持续性	（3A）
可持续性与持久性：	可持续性 ⊁ 持久性	（5A）
	持久性 ⊁ 可持续性	（5A）
可持续性与健康：	可持续性 ⊁ 健康	（6A）
	健康 ~ ⊁ 可持续性	（7A）
稳定性与连续性：	稳定性 ~ ⊁ 连续性	（8A）
	连续性 ⊁ 稳定性	（8B）
稳定性与持久性：	稳定性 ~ ⊁ 持久性	（9A）
	持久性 ⊁ 稳定性	（9B）
稳定性与健康：	稳定性 ~ ⊁ 健康	（10A）
	健康 ⊁ 稳定性	（10B）

连续性与持久性：　连续性≯持久性　（11A）

　　　　　　　　　持久性≯连续性　（11A）

连续性与健康：　连续性≯健康　（12A）

　　　　　　　　健康～≯连续性　（12B）

持久性与健康：　持久性≯健康　（13A）

　　　　　　　　健康～≯持久性　（13B）

这种逻辑关系的探讨结果表明了高新技术产业开发区系统健康、可持续性、稳定性、连续性和持久性之间的逻辑关系，仅仅持久性和可持续性之间（5A）、持久性和连续性之间（11A）互为充分必要条件；稳定性（1A，2A）和健康（6A，7A）是必要条件而不是充分条件；而连续性和健康（12A）是充分条件而不是必要条件。这个结论便于理解高新技术产业开发区系统创新的可持续性，当然，如果从另外角度或与实际联系起来考虑的话，这些关系也可能会发生一定的变化，这也需要我们进一步去探索。

以上的分析也从另一个侧面说明了高新技术产业开发区系统健康和可持续性的复杂性。稳定性、连续性、持久性等都是与之相关的一些特征，而系统健康和可持续性特征也不仅仅是这几个方面，这些特征不仅应用于静态的组织水平上，同时更主要的是在多尺度的、动态的高新技术产业开发区创新体系中。显然，较好的健康状态是维持一个系统可持续性的必要条件但不是充分条件。高新技术产业开发区系统健康和高新技术产业开发区系统的可持续性等问题本身就是很复杂的问题，并不是用几个简单的参数就能够完全表达出来的，因此，只有从不同角度来研究这些复杂的问题，才能更为深刻地把握住它们的内在机理，这也是在今后的工作中所应该加强研究的方面。

2.4 本章小结

高新技术产业开发区的建立与发展是各国高新技术及其产业化发展的重要举措。本章在介绍了生态系统健康及其基础理论的基础上，主要探讨了高新技术产业开发区系统与自然生态系统的相似性特征以及生态学范式应用的广泛性和科学性，为探讨适合于我国高新技术产业开发区健康评价理论与方法的研究奠定了科学基础。

为了更好地理解高新技术产业开发区系统健康的含义，本章从数学和逻辑学的角度对高新技术产业开发区系统健康与生态学上相关的概念进行了逻辑上的比较与推断。这些结论便于理解高新技术产业开发区系统创新的可持续性，当然，如果从另外角度或与实际联系起来考虑的话，这些关系也可能会发生一定的变化，这也需要我们进一步去探索。

第3章

高新技术产业开发区健康理论研究

经济的可持续发展强调资源的可持续供应和资源的可持续使用方式，这都有赖于人类技术的进步，从一定意义上说，没有技术进步，也就没有人类的可持续发展。而有效的知识创新和技术创新是人类技术进步的重要基础和保障，这都将依赖于高新技术产业开发区的健康发展，因此，以生态学规律来指导高新技术产业开发区的技术创新活动，是实施我国高新技术产业可持续发展战略的重要步骤。

现代科学技术进步对区域经济的根本影响，在于知识经济化和经济全球化的基本趋势，使区位优势逐步淡化，代之而起的是知识资源的巨大作用以及知识基础上的全面竞争。而高新技术产业开发区作为发展高新技术产业的基地，在促进科技成果转化、高新技术及其产品向传统产业扩散方面具有不可替代的作用，同时也是实现区域主导产业高技术化及产业结构升级的必要手段，因此，高新技术产业开发区的健康发展直接影响着区域乃至整体经济的发展。

3.1 高新技术产业开发区健康内涵及其基本属性

3.1.1 高新技术产业开发区健康研究概述

经济发展越来越依靠科学技术已经成为一个不争的事实。从全球高技术发展史看，作为一种全新的社会经济组织形式，高新技术产业开发区的建立解决了各国高技术产业发展的资金、技术、市场和风险问题，有效地解决了科技与经济结合的难题，从而有力地推进了各国高技术的持续发展。在此背景下，我国高新技术产业开发区高技术企业能否充分利用全球科技资源，在创新节点大量增多后，可以使得我国高新技术产业开发区内高技术企业借助同质技术开发平台，进行技术和产品的多样化发展；能否借助不同技术所具有的对其他技术“跨界施肥”的潜能，使得我国高新技术产业开发区内的企业能够对各种各样的技术实施结合与重组（无论新旧技术），延长高技术创新链条，从而为我国高技术创新提供更多的机会，这都有赖于我国高新技术产业开发区的健康发展。

从20世纪80年代开始，生态学理论就被应用到了社会经济和管理的研究中。而健康一词被引入生态学，最初是一种暗喻。在科学领域中，暗喻经常用来指那些领域间差别很大却又有共同之处的现象，用它通过相应的规则来恰当地转换概念和模型。生态系统健康是当今生态学领域的一个研究热点和前沿性方向，其健康的概念是生态学与其他自然科学、社会科学的各个领域迅速交叉和整合的结果。进行经济系统健康研究的主要是哈佛商学院的马可·扬西蒂（Marco Iansiti）教授和罗伊·莱维恩（Roy Levien）教授，他们研究的一个重要思想是：一个企业的成功需要一个运作良好的系统的支持。但对于人类经济系统的健康评价研究，大多都是在自然生态系统健康评价基础上的修改，缺乏对生态位理论、多样性理论及其健康发展相关性的进一步研究。特别是对于经济系统的活力、组织结构和恢复力的研究上显得尤为苍白。本章在生态系统健康理论、技术创新理论和区域经济发展理论等的基础上，从生态学的视角，以活力、组织结构和恢复力作为基本评价指标，对我国高新技术产业开发区的健康状态进行评价研究，可以更有效地针对我国高新技术产业开发区创新投入和创新资源配置效率低下、创新功能不能正常发挥、创新活动和经济发展存在着波动等现象进行研究，从而有助于唤起人们对我国高新技术产业开发区创新活力、组织结构、创新网络的抵抗力等问题的关注，有助于我们诊断和把握高新技术产业开发区的系统状态，对促进我国高新技术产业开发区企业的创新商业化、创新集群化具有重要作用，同时，通过对我国高新技术产业开发区创新系统健康性评价理念和评价方法的研究，对于降低我国高新技术产业开发区内企业集聚的脆弱性，增强高新技术产业开发区内企业的衍生能力，充分实现高新技术产业开发区孵化器本质功能的动态特征，这对于探索我国高新技术产业开发区健康发展规律和良性运行机制以及我国高技术产业地带的形成，具有重要意义。

3.1.2 高新技术产业开发区健康内涵

所谓高新技术产业开发区系统，就是由组织和个人所组成的一个经济联合体，其成员包括政府、核心企业、科研机构、中介机构、管理机构和风险承担者，在一定程度上还包括竞争者，这些成分之间构成了价值链，类似于自然生态系统中的食物链，不同的链之间相互交织形成了价值网，物质、能量和信息等通过价值网在联合体成员间流动和循环。不过，与自然生态系统的食物链不同的是，价值链个环节之间不是吃与被吃的关系，而是价值或利益交换的关系。从这个意义上说，高新技术产业开发区内处在价值链的一个环节两端的高科技中小企业更像是共生关系，多个共生关系就形成了高新技术产业开发区系统的价值网。

高新技术产业开发区评价研究在目前高新技术产业开发区系统管理中占有很重要的位置，而对其健康性的研究还属创新。健康的高新技术产业开发区系统将不受来自系统内外胁迫的影响，能够自我维持其基本功能，提供一系列的高新技术产品及其服务，诸如高新技术研发源、提供高新技术资源等。高新技术产业开发区系统健康问题涉及高新技术产业开发区系统机制、社会经济、政治、技术环境、伦理道德等方面。本章是基于高新技术产业开发区内外胁迫对高新技术产业开发区系统健康影响的基础上来探讨高新技术产业开发区的系统健康和可持续发展。

根据生态系统健康的相关含义以及高新技术产业开发区系统内在的本质特征，本章认为，所谓健康，即系统处于良好的运行状态，具有稳定性和可持续性，在时间上具有维持其组织结构、自我调节和对胁迫的恢复能力，因此，高新技术产业开发区系统健康指系统是稳定和可持续的，它反映了系统内部秩序和组织的整体状态，如系统正常的能流和物流不受损伤，关键系统成分即高新技术的骨干企业、优势企业得以保留，具有旺盛的生命力，具有可持续的高新技术创新发展能力，对于系统干扰的长期效益具有抵抗力和恢复力，系统能够维持自身组织结构长期稳定，技术创新和经济发展相互协调，能够为人类高新技术产业的发展和经济社会的发展提供可持续的高新技术资源支持，并具有弹性，理论上描述的系统功能与实际接近，那么这个系统就是健康的、并且不受来自系统内外胁迫的影响。

3.1.3 高新技术产业开发区健康基本属性

高新技术产业开发区系统健康状态应该具有以下基本属性：

（1）具有良好的高新技术创新结构。这是决定一个高新技术产业开发区是否健康的内在特性和要求。从系统发展来看，合理的组织创新结构，会使系统不受对其生存发展有严重危害的经济系统胁迫综合征的影响，具有恢复力，能够从国际、国内经济环境的正常干扰中恢复过来，在最少的外界投入的情况下，具有自我维持能力。高新技术产业开发区系统结构的合理性主要通过对其组织结构的多样性研究来进行。

（2）具有良好的创新环境质量。健康的高新技术产业开发区系统在其运作过程中，不仅应该与技术、资金、政策等环境因子相配合，而且在其发展过程中能够不破坏或者有利于相邻系统的发展，也就是说健康的高新技术产业开发区系统不会对区域内其他经济系统的发展造成障碍，特别是对区外高新技术企业的发展造成大的负外部性，能够维持一定高新技术系统和区域其他社会、经济系统的和谐发展，也就是说，高新技术产业开发区系统健康不仅是经济学的健康，而且还包括社会学的健康，它们能够维持人类社会、经济系统的稳定发展，这也只有通过跨学科统一的研究方法，才能充分理解高新技术产业开发区系统的可持续发展和不可持续创新活动引起的高技术发展问题。

（3）具有良好的系统创新活力。高新技术产业开发区是各个国家和地区高新技术发展的基础单元，良好的系统创新活力，是一个健康高新技术产业开发区的基本功能。较高的物质、能量流动速率和资源利用效率反映着高新技术产业开发区系统的活力。

充满活力的高新技术产业开发区能够在其各演替阶段创造高新技术企业的衍生环境和其成长所必需的经济学过程，培育有前途的替代产业和新兴产业，推动我国产业创新、促进产业升级和产业结构的优化。

（4）具有较强的持续创新能力。在全球高新技术发展胁迫下，健康的高新技术产业开发区系统应该具有抵御胁迫的策略，以保证其结构完整、功能正常，能够从有限的环境动荡中恢复过来。而且在各发展演替阶段，要有足够的创新资源和有效的创新机制来维持高新技术产业开发区系统的可持续创新。这也主要体现在高新技术产业开发区的技术效率、适应性、稳定性和抗逆能力上。

（5）具有动态平衡的能力。从动态角度看，高新技术行业必须能够顺应市场需求的变化，有持续提供有效的高新技术产品和服务的能力，即具有环境应变能力和创新能力。值得关注的是，骨干企业（优势企业）的存在对高新技术产业开发区系统健康具有关键的作用。因为骨干企业可以提高系统的生产率，加强系统的生命力，提高系统创造新市场、维持多种高新技术行业生存的能力，因此它们对于整个系统是至关重要的。健康的系统应该能够在各骨干企业（优势企业）所必需的资源如市场资源、客户资源、资金资源、人才资源、政策资源、服务资源等方面具有一种动态平衡的能力。

（6）科学管理。制度、资金、经济等管理因素从根本上决定着高新技术产业开发区的现状和发展方向，管理的科学水平决定着系统的健康质量。

总之，健康的高新技术产业开发区应该是管理科学、结构合理、环境优良、具有较强的高新技术研发、较大的高新技术产品生产能力和较强的高新技术的持续发展能力，为人类高新技术的发展提供源源不断的能量，并能够恰当、有效地实现其高技术服务功能。健康的高新技术产业开发区系统基本属性间的相互关系如图 3－1 所示。

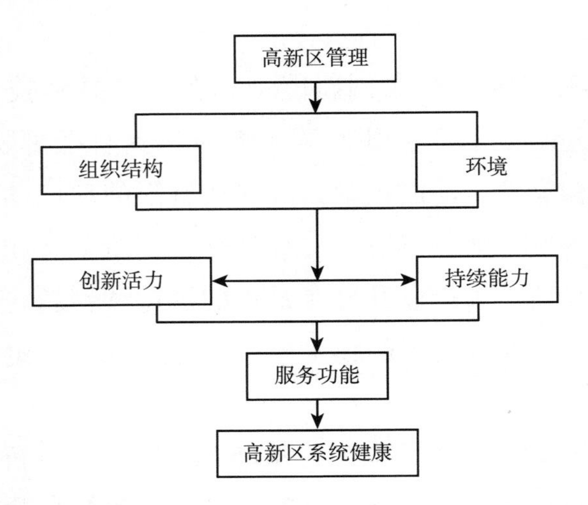

图 3－1　健康高新技术产业开发区系统基本属性间的相互关系

对高新技术产业开发区系统健康的理解主要包括对高新技术产业开发区系统的整合性稳定性和可持续性。整合性是指高新技术产业开发区系统内在的组分结构功能以及它外在的创新环境的完整性，既包括创新要素环境要素的完备程度，也包含创新过程生态过程和创新环境过程的健全性，强调组分间的依赖性与和谐统一性；高新技术产业开发区的可持续性主要是指高新技术产业开发区系统持久性的维持或支持其内在组分组织结构和功能动态发展的能力，强调高新技术产业开发区健康的时间尺度问题；高新技术产业开发区系统的稳定性主要是指高新技术产业开发区系统对环境胁迫和外部干扰的反应能力，一概健康的系统必须维持系统的结构和功能的相对稳定，在受到一定程度的干扰后能够自动恢复。

3.2　高新技术产业开发区健康研究内容

3.2.1　高新技术产业开发区系统健康与可持续发展

20 世纪末我国政府就已经确定在 21 世纪实施可持续发展战略，在“数字地球”的今天，技术对于人类社会进步的作用更加显现出来，为人类经济社会的可持续发展提供了坚实的基础。在实现区域经济的可持续发展过程中，必须具备三个条件：一是物质资源的合理配置和有效使用；二是生态环境的有效保护；三是不断生产出边际收益递增的生产要素—知识。满足这三个条件的基础是知识创新和技术创新。而有效的知识创新和技术创新又取决于健康的区域技术创新体系，它是区域经济持续发展的重要条件。在现实经济系统中，高新技术产业开发区便是区域技术创新系统的重要组成部分和表现形式。高新技术产业开发区作为高新技术产业的发展基地，在区域知识创新和技术创新过程中承担着重要角色，在促进科技成果转化、高新技术发展及其产品向传统产业扩散方面具有不可替代的作用，同时也是实现区域主导产业高技术化及产业结构升级的必要手段，因此，高新技术产业开发区创新系统的形成与健康发展成为区域经济乃至整体经济可持续发展的重要条件，只有健康发展的高新技术产业开发区，才会有健康发展的高技术企业及其企业集群，才会有持续的、具有竞争力的高技术产业和可持续的经济社会发展，所以，研究高新技术产业开发区的健康性对经济的可持续发展具有重要的实践价值。

从本质上看，高新技术产业开发区系统健康性是指在高新技术行业产业发展过程中，特定区域的高新技术行业在国际国内市场上的表现或地位。这种表现或地位，通常是由该高新技术行业所具有的、提供有效的高新技术产品或服务的能力具体显示出来。这种提供有效高新技术产品或服务的能力，必须是：

（1）从市场需求层面看，高新技术行业的产品或服务要能为市场和社会所接受，即行业发展具有市场的有效需求力。

（2）从供给层面看，高新技术行业的产品或服务要能为国家特定区域现有的生产能力所承受，即具有有效供给能力。

（3）从动态角度看，高新技术行业必须能够顺应市场需求的变化，有持续提供有效的高新技术产品和服务的能力，即具有环境应变能力和创新能力。

（4）从资源利用与环境保护角度看，高新技术产业开发区系统必须具有协调区域产业发展与环境保护之间关系的能力，即具有可持续发展力。

可见，高新技术产业开发区系统健康是一个综合性很强的概念，包含了多方面的内容。考虑到我国高新技术产业开发区本身的概念较为宽泛，包括54个国家级经济开发区和53个国家级高新技术产业开发区，涉及9大高新技术领域，因此，本部分的研究将针对我国52个国家级高新技术产业开发区进行健康性分析①。

3.2.2 高新技术产业开发区系统健康评价对象

以生态学视角考察高新技术产业开发区系统结构功能，包括系统的基本功能、供给功能和相邻关系功能，如图3-2所示。由于高新技术产业开发区系统的灵魂是创新，是高新技术的产业化发展，因此，针对我国国家级高新技术产业开发区系统发展中

① 在53个国家级开发区中，杨凌农业高新技术产业示范区成立最晚，数据（文中用到的所在城市经济发展数据）不能获取，同时，这个开发区的企业性质和其他开发区也存在较大的不同，故我们分析中，没有包含这个开发区，而只使用了剩余的52个国家级开发区进行分析。

出现的功能偏离，高新技术产业化发展水平低，缺乏自主创新能力，对环境胁迫的抵抗力低下等现状，借鉴生态系统健康相关理论，本章对高新技术产业开发区系统健康性的评价研究主要以系统的稳定性，持续性和系统结构功能的完备性为标准来进行，通过对高新技术产业开发区系统基本功能的评价进行，包括对系统活力、组织结构、抵抗力的综合评价，揭示我国高新技术产业开发区系统高新技术创新及其产业化发展的基本状态。而对系统的服务供给功能和相邻关系功能都通过对高新技术产业开发区系统环境的改变而影响着高新技术产业开发区系统基本功能的行使和发挥。它们包括高新技术产业开发区的固定资产投资增长状况、政策环境、交通状况、高新技术产品的加工配套能力以及为高新技术产业开发区企业提供社会化服务而在区内建立的支撑服务机构和生活服务机构，包括高新技术产业开发区专业服务机构数和社会化机构，反映了高新技术产业开发区内为高新技术企业提供专业服务的深度和广度，是高新技术产业开发区系统对中小高新技术企业培育能力的保障。

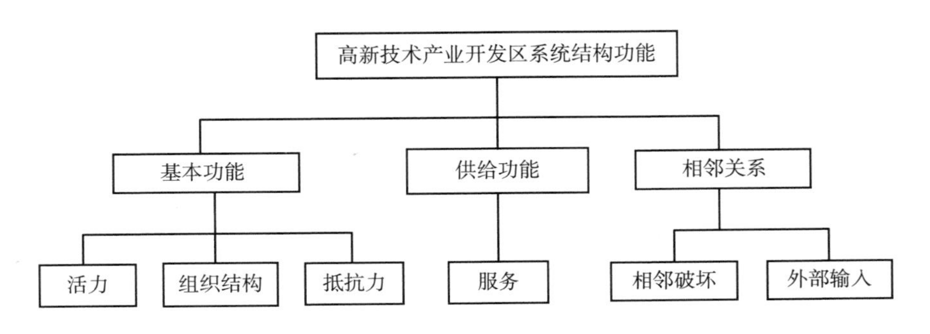

图 3－2　我国高新技术产业开发区系统结构功能示意

评价指标体系的构建既是采用熵法进行高新技术产业开发区健康评价的第一步骤，也是高新技术产业开发区健康评价中最重要的一环。由于评价界面的不同会导致指标体系的结构、内容乃至构建原则等的不同，因此指标体系的构建首先需要明确具体的评价对象。根据我国高新技术产业开发区管理实践的需求，本书把我国国家级高新技术产业开发区健康评价对象确定为高新技术产业开发区系统结构功能组成中的基本功能，即高新技术产业开发区系统的创新活力、组织结构及系统抵抗内外胁迫的能力。

3.2.3 高新技术产业开发区健康评价内容

对于高新技术产业开发区系统的健康研究，应当将社会经济范畴和社会政策范畴综合在一起，构成一个完整的评价体系。借用生态系统健康评价理论和方法对高新技术产业开发区的健康性进行评价研究，主要是对高新技术产业开发区的生存性的考察研究，即对高新技术产业开发区系统基本功能的评价研究，包括高新技术产业开发区系统的创新活力、组织结构和环境抵抗力。

生态学文献指出，衡量生态系统长期健康的两个最重要的标准是生产率（或生产量、生产力）和生命力。但它们并不能够完全反映一个健康的自然生态系统的特性。一般认为，健康的生态系统应该能够维持多种物种的生存，呈现出丰富的多样性。因此，衡量生态系统长期健康的三个最重要的标准是生产率、生命力和系统的多样性。

在生态系统中，绿色植物通过光合作用，吸收和固定太阳能，将无机物转化成复杂的有机物。由于这种过程是生态系统能量贮存的基础阶段，因此，绿色植物的这种生产过程为初级生产，或称第一级生产。初级生产以外的生态系统的生物生产，即消费者利用初级生产的产品进行新陈代谢，经过同化作用形成异养生物自身利的物质，称为次级生产，或称第二级生产。生态学中一般不再划分三级、四级生产。

生产量就是指绿色植物通过光合作用合成碳水化合物等有机

物质的数量，这些物质特别重要，是一切生命活动的基础。生产率是指生态系统中一定空间内的植物群落在一定时间内所生产的有机物质积累的速率，又称为生产力。一般谈到生产量也含有时间的概念。因此，生态学中认为生产率、生产力和生产量的含义是相同的。

综合上述内容可以看出，生态学中生产率（生产力或生产量）的概念同经济系统中的相关概念在本质上是相同的，都是衡量系统活力（新陈代谢）的概念。

同时，无论在生物领域还是在经济领域，多样性都应该是衡量其健康状况的一个重要指标，因为它反映的是系统面对环境消减外部冲击的能力和富于创新的潜力。在经济领域，衡量多样性的标准之一，就是考察该系统是否有能力通过创造有价值的新功能，增加有实际意义的多样性。如果一个系统能够通过有效的创新而成功地开辟有价值的新市场，那么，就会有效地增加系统的多样性——物种，从而增强系统抵御外来冲击的能力和适应环境的能力，使之具有较强的生命力和竞争力（又将其看为系统的抵抗力）。

从相关文献来看，国内外目前对生态系统的健康评价研究也主要集中于对生态系统活力、组织结构和恢复力的研究上。乌兰诺维奇和瑞波特等认为生态系统健康可以通过活力、组织结构和恢复力3个特征来定义系统健康，并发展了活力、组织结构和恢复力的测量及预测公式，用公式计算出的结果来评价自然生态系统的健康程度；科斯坦萨是从生态系统自身出发定义生态系统健康的典型代表，他提出了整个生态系统健康指数为：$HI = V \times O \times R$，也是通过测量系统活动、新陈代谢或初级生产力来确定系统活力，并通过系统多样性、恢复力（抵抗力）等描述系统组织及其生命力的相关因素，来确定生态系统的健康程度。

因此，在对高新技术产业开发区系统健康状况进行研究时，有三个重要的评估内容是应该被重视的，即高新技术的创新活力（即生产率）、生命力即高新技术产业开发区系统的稳定性和可持续发展能力以及高新技术产品的市场开拓能力。因为它们从本质上具体反映了一个高新技术产业开发区系统新陈代谢的活力和保持系统多样性结构的能力。本章在研究中将通过对我国国家级高新技术产业开发区系统活力、系统组织结构和系统抵抗力（或恢复力）的分析来高新技术产业开发区系统的健康状况。

在本书中，高新技术产业开发区的创新活力可以用高新技术创新能力、孵化能力和创新效果来表示；组织结构采用创新群落α多样性指数中的辛普生多样性指数来测定；而衡量高新区系统抵抗力的最佳标准，是通过考察该系统是否能够通过技术创新及其成功的商业化、产业化的运作，创造新的市场机会，为整个区域经济系统增加有实际意义的多样性，为依赖于它们的高新技术企业提供持久的利益，因此，本书采用高新技术产业开发区实际的技术利用效果来衡量其抵抗内外胁迫能力的大小，以此反映高新技术产业开发区维持其系统内多种高新技术企业（物种）生存的能力和维持其系统高新技术产业持续发展的能力。

3.3 高新技术产业开发区健康理论研究

3.3.1 高新技术产业开发区健康性评价理念

1. 高新技术产业开发区健康性研究方向

在对高新技术产业开发区的系统评价中，健康暗喻同样提供了一种交流的语言。用健康来比拟高新技术产业开发区，实际就是将其看作一个能够不断提供相关支撑服务的有机体。所以，简单地说，可以把高新技术产业开发区看成一个基于自然生态系统思想建立起来的经济系统，但它与一般经济系统不同的是，它具有生态系统的特点。同时，把高新技术产业开发区看作一个有机体，也是因为自然生态系统中生物体间的关系和各生物体处理这种关系的做法与经济系统中的企业很相似，也就是说，自然生态系统研究的某些知识可以为经济系统所借鉴。从这个角度看，对高新技术产业开发区的研究可以在两个方向进行，即生态系统方向和复杂系统方向。

复杂系统方向认为，过去基于线性思维的经济管理理论与实际经济系统的运行机制是不相一致的。现实的经济受随机因素影响很大，是不可预测的，因此，应当把高新技术产业开发区当作一个复杂系统来对待，并运用复杂系统的理论来研究。生态系统方向强调对生物学和生态学知识的借用，认为企业参与经济活动就像生态系统中的生物体一样，它们之间通过相互的竞争与合作，共同形成一个错综复杂的食物网，而每个生物体作为食物网中的一个节点，执行着相应的功能，但每一个节点的缺失都将对整个生态系统造成破坏，所以，每一个生物个体的健康状况都会在一定程度上影响整个系统的动态平衡和发展，人类经济系统与此类似。本书对高新技术产业开发区健康性的研究就是沿着生态系统方向进行的。

2. 高新技术产业开发区健康性研究的理论基础

在生态系统健康理论、技术创新理论和区域经济发展理论等的基础上，从生态学的视角，以活力、组织结构和抵抗力作为基本评价指标，对高新技术产业开发区的健康状态进行评价研究，可以更有效地针对我国高新技术产业开发区创新投入和创新资源配置效率低下、创新功能不能正常发挥、创新活动和经济发展存在波动、缺乏具有持续竞争力的高技术产业等现象进行研究，从而有助于唤起人们对我国高新技术产业开发区创新活力、组织结构、创新网络的恢复力等问题的关注，有助于我们诊断和把握高新技术产业开发区的系统状态，对促进我国高新技术产业开发区企业的创新商业化、创新集群化具有重要作用，同时，通过对我国高新技术产业开发区创新系统健康性评价理念和评价方法的研究，对于降低我国高新技术产业开发区内企业集聚的脆弱性，增强高新技术产业开发区内企业的衍生能力，充分实现高新技术产业开发区孵化器本质功能的动态特征，对我国高技术产业地带的形成，具有重要意义。

3. 高新技术产业开发区健康性影响因素

从系统角度来看，所有系统都在其系统环境中发展，系统环境对系统的可持续发展发展具有很强的导向性，因此，系统的可持续发展同其本身及其所处的环境状态有紧密的联系。概括起来，在高新技术产业开发区的发展过程中，制约其健康发展的主要环境因素是经济因素和制度因素。其中，经济因素是高新技术产业开发区发展的重要支撑条件，是对高新技术产业开发区创新活动影响最大的环境背景要素，它包括智力资源、基础设施、经济环境的支撑能力以及创新资源投入、研发孵化、创新扩散和创新主体能力等。而制度因素是高新技术产业开发区发展的重要保障，包括领导体制、运行机制、产业政策的创新能力等，只有以企业内在机制创新为核心，以激励机制创新为基础，从而形成以产业政策创新为保障的制度创新体系，才能不断提高我国高新技术产业开发区对创新资源的整合能力，形成具有一定竞争力的高技术产业。

3.3.2 高新技术产业开发区健康评价理论

1. 高新技术产业开发区系统活力

活力是指系统的能力或它的活跃性。在生态系统背景下，活力指根据营养循环和生产力所能够测量的所有能量，但并不是能量越高系统就、越健康，而且远不是如此。活力通常是指根据营养循环和生产力所能够测量的能量和物质等。一般包括生产力生物量以及新陈代谢功能速率等指标。在高新技术产业开发区系统中，活力指其在高新技术创新方面的动力和能力，而高新技术产业开发区的灵魂是高新技术的创新，其创新主体是高科技企业。因此，高新技术产业开发区系统活力的定义必须首先能够反映其高新技术的创新能力和创新主体的发育状况，应该选择那些能够突出高新技术产业开发区创新功能的考核指标，以区别于一般经济区域的评价指标，应该重视其智力和科技要素的投入、产出及其财富的重新分配关系。所以本研究选择了高新技术产业开发区系统的研发投入、孵化能力和创新效率三个二级指标作为衡量高新技术产业开发区系统活力的指标。

2. 高新技术产业开发区系统组织结构及其测定方法

（1）生态学群落组织结构与群落中的物种多样性。

在生态系统背景下，组织结构是指系统物种组成结构及其物种间的相互关系，反映了生态系统结构的复杂性，对组织结构的测定方法主要是测定生态系统的物种多样性。

生物多样性是生态系统重要的研究内容，生物多样性包括遗传多样性、物种多样性和生态系统多样性。物种多样性可用物种的多少和种间联系的多类型来表示，并采用相关的多样性计算公式来确定群落的多样性指数。其中，物种多样性和生物群落多样性（ecosystem diversity）对生态系统的生存具有重要作用：可以使生态系统对变化的环境有更多的适应方式；可以保证物种对环境的变化具有连续的适应性；有利于丰富生态系统的资源库；有利于增加生态系统的稳定性。一般说，具有较多物种的群落，当物种间联结较少时，群落更加趋于稳定；具有较少物种的群落，当物种间联结较多时，群落更加趋于稳定；降低生态系统中营养物的丢失，提高生态系统的可持续性。

在生态学上，多样性是指一次采样中，成员间多样化程度，或指差异的程度，包括个体多样性、器官的多态性及种群繁殖对策的多样化等。在具体研究中又分为群落的物种多样性和种群表型的多样性。例如，一个种群在年龄结构，发育状态和个体的遗传构成上的多种多样，在生态学上就称为种群表型的多样性。群落的物种多样性和种群表型多样性的协调发展是生态系统健康发展的象征。

（2）高新技术产业开发区系统多样性内涵及其测定方法。

本书是在宏观层面上，从全国角度对国家级高新技术产业开发区系统健康性的研究，对高新技术产业开发区系统组织结构的评价采用的辛普森多样性指数，包括高新技术产业开发区系统物种多样性和种群表型（各个行业内企业的多样性）的多样性，因为它们直接影响着高新技术产业开发区系统的稳定性和可持续发展能力。

我国国家级高新技术产业开发区系统内化划分为九个高新技术领域，在本研究中，按照高新技术领域来确定高新技术产业开发区系统的物种，即一个技术领域为一个物种，因此，我国高新技术产业开发区高新技术系统有九大物种组成，即系统物种丰富度为9。显然，本研究中对高新技术产业开发区系统多样性的研究就是在物种丰富度确定的基础上，对高新技术产业开发区系统物种多样性（即物种多度）和种群表型多样性的研究。即使我国国家级高新技术产业开发区系统技术领域并不完善（物种丰富度低），但如果能够在现有高新技术资源（大学、研究所、企业、政府等）和已有技术领域发展的基础上，使高新技术产业开发区系统的物种丰富度与物种的相对多度协调健康发展，而不是高的物种丰富度和过低的物种多度，才能使我国高新技术产业开发区系统健康发展，也才能够实现我国高新技术产业化发展、建立创新型国家的目标。

高新技术产业开发区系统的多样性指系统维持多种物种生存的能力，即维持高新技术产业开发区系统内多种高新技术企业生存发展的能力，这是建立一个国家完善的高新技术体系的基础，其“物种的多样性”表现为创新主体的多样性、创新成果的多样性（产品、工艺），“相关性”表现为技术创新主体、相关主体合作交流的广泛性、紧密性。多样性、相关性越强，高新技术产业开发区就越健康。

因此，高新技术产业开发区系统的多样性可以综合表现为在高新技术及其产业化发展过程中系统消减外部冲击和胁迫的能力以及富于创新的潜力。包括系统内高新技术行业的多样性和高新技术开拓多样化的国际国内市场及其多样化的销售渠道及其销售能力。高新技术多样化的市场开拓能力实际上反映了高新技术产业开发区系统内的种群表型多样性水平，种群表型多样化水平越高，系统抵抗外来胁迫的能力也就越强。如具有很强衍生能力的高新技术产业开发区，如果外来胁迫的干扰使系统内某一类高新技术的创新和企业的发展受损，系统还可以通过其旺盛的生命力和雄厚的创新能力来保持系统高新技术的创新和新企业的延续。正如我国特有的植物银杉的濒危机制研究表明，人类活动特别是对森林的乱砍滥伐加速了银杉种群的减少；而遗传多样性降低、生殖障碍大、种子产量少以及更新不良等银杉本身固有的生物学特性对种群的生存构成了严重的威胁高新技术产业开发区系统的企业会因为经营不当而使企业的发展受挫，但是如果企业缺乏高新技术的创新基础和创新活力，企业未来的发展就非常的不乐观。种群受到干扰后恢复力的大小，很大程度上取决于种群表型多样性。如我国高新技术产业开发区内企业的多样性、企业市场发展的多样化及企业高新技术创新发展对策的多样性，都在很大程度上影响着我国高新技术产业开发区系统抵抗外来胁迫和持续发展的能力，影响着我国高新技术的产业化进程。

高新技术产业开发区系统是否有能力通过创新来为其产品系统创造有价值的新功能，使其能够开拓出新的市场空间，提高高新技术产品的市场占有率，从而为高新技术系统的发展增加有实在意义的多样性，是衡量高新技术产业开发区系统多样性的最佳标准之一。

因此，在选用高新技术产业开发区系统多样性指标中应该考虑以下几个方面的因素：

第一，选用的多样性指标简单，容易操作。

第二，选用的指标必须既要能够定量地表示高新技术产业开发区系统多样性的相对大小，又要能够在分析时具有一定的可比性。

第三，选用的多样性指标尽可能地反映高新技术产业开发区系统多样性的分化状况，要在一定的程度上体现物种多样性数量在高新技术产业开发区系统内的空间结构的分化特征。

第四，要考虑具体资料的特点，既要满足多样性指数公式中的变量要求，也要具有明确的生态学和经济学意义。

根据以上原则及其研究的需要和所收集到的数据资料，本研究选取辛普森多样性指数来研究高新技术产业开发区系统的多样性。

因此，高新技术产业开发区系统组织结构的测定方法也将通过对高新技术产业开发区系统高新技术行业的多样性测定来进行。具体通过测定高新技术产业开发区系统中高新技术行业的多度分布，即采用系统产品品种多样性指数来反映高新技术产业开发区系统系统高新技术行业的相对多度，以此来确定高新技术产业开发区系统内各个高新技术企业间的相互关系以及高新技术产业开发区系统内的高技术组成结构，度量高新技术产业开发区系统组织结构及其复杂性的相对程度；同时，由于种群表型多样性水平与系统抵抗力（恢复力）有很密切的关系，表型多样性高的系统，种群的抵抗力也越强。因此，在研究中还选择了高新技术产业开发区系统的产品的市场多样性指数和产品外向度多样性指数来反映高新技术产业开发区系统的表型多样性。

从空间角度看，高新技术产业开发区高新技术行业的产品外向度有两个层面：一是国际层面；二是国内层面。前者通常是指特定国家的特定行业在国际市场上的竞争力，即开拓国际市场的能力；后者则指一国内部特定区域的特定产业在国内市场（即区际市场）的竞争力，即开拓国内市场的能力。在本研究中指高新技术产业开发区产品在国际市场的开拓能力。

高新技术产业开发区系统会随高新技术产业开发区内高新技术企业的产品多样性、产品市场的多样性和产品外向度多样性以及企业间的相互作用（如共生、互利共生和竞争）的复杂性，而其组织结构趋于复杂。受到胁迫的高新技术产业开发区系统一般会表现为技术、产品及其市场多样性的减少，高新技术产业开发区系统内共生关系的减弱以及外来技术强占我国高新技术市场份额的机会增加。

3. 高新技术产业开发区系统抵抗力

（1）生态学群落组织的抵抗力。

在生态学背景下，抵抗力是描述系统在给予扰动后产生变化的大小，即衡量其对干扰的敏感性。它是测度生态系统健康的一个重要指标。恢复力强调的是生态系统受到干扰后恢复原状的速度，即其对干扰的缓冲能力，抵抗力和恢复力都反映了生态系统在经受内外干扰后保持系统稳定程度的能力。干扰对生态系统结构和功能的影响主要是打破了系统原来的平衡，导致生态位格局的紊乱。干扰后生态系统的恢复主要是通过系统内种群结构组合对生态位的再次分配来完成的。物种多样性丰富的生态系统中，具有不同生物学特性和生态学特性的种群对某一特定干扰的反应、受到胁迫影响的程度以及干扰后的恢复情况各不相同，干扰后的群落可能留下足以占有现有生态位的成分。如在火烧和砍伐后，物种丰富的样地对干扰会做出迅速的反应，主要是通过增加盖度来阻止外来物种的入侵，进而逐步恢复其物种组成和群落生产力。根据这一原理，在人工林的建设中，常有计划地配植抗燃防火的树种，以增强人工群落的安全性。

就群落对虫害的抵抗力而言，复杂的群落很少发生爆发性病虫害，因为物种多样性高的群落可以降低植食性昆虫的种群数量，而大规模单一植物物种的栽培，无疑会使群落结构简单、纯化，容易诱发特定害虫的猖獗。

（2）高新技术产业开发区系统环境与高新技术产业开发区发展胁迫。

任何组织都是一个开放的系统，与其外部环境之间存在着密切的联系。高新技术产业开发区内的高新技术企业一方面通过各自的技术创新选择来影响整个高新技术发展环境，另一方面则是通过技术创新来增加各自的环境适应性。技术环境是宏观环境中非常重要的组成部分，对高新技术的发展有着重要影响。具体指社会中各种技术进步的水平和方向，包括参与创造新知识（通常是指科学）以及应用新知识来开发新产品，新工艺和原材料（通常指技术）的机构。经济环境包括所有产业都会面对的经济条件。它包括各种自然资源，以及商品和服务交易的所有市场集合。政治环境是宏观环境中变数很大的一个部分。包括行政和管理的所有过程，以及制定社会法律，规则和条例的决策机构。它们综合构成了高新技术产业开发区系统发展环境。

对我国高新技术产业开发区系统内的高新技术企业来说，所受到的环境胁迫与干扰有外部干扰和内部干扰。外部干扰包括全球经济环境的动荡、汇率变化、环境污染导致的资源紧缺等；内部干扰包括国内宏观经济政策、产业政策的调整；企业内部官僚化带来的组织结构的频繁变动和决策的失误；社会购买力的巨大变化，等等，这些都会影响高新技术产业开发区系统的健康发展，并可能导致其健康状况一定程度的下降和系统功能的退化。

（3）高新技术产业开发区系统抵抗力的含义。

在高新技术产业开发区系统中，抵抗力表现为系统能够承受的最大胁迫，以及胁迫消失后系统克服压力反弹回复的速率，反映了系统抵抗外部干扰并维持系统结构与功能的能力，是系统保持稳定抵御风险而得以生存的重要能力。一般认为，健康的高新技术产业开发区系统应该具有较强的消减环境冲击和破坏的能力，从而能够维持多种高新技术行业的生存，呈现出高新技术丰富的多样性，同时更应该是富有创新潜力的组织。衡量高新技术产业开发区系统抵抗力的最佳标准，是通过考察该系统是否能够通过技术创新及其成功的商业化、产业化的运作，创造新的市场机会，为整个经济系统增加有实际意义的多样性，从而为依赖于它们的物种提供持久的利益，以维持高新技术产业开发区系统内多种物种的生存，从而保证系统的持续发展。

对于高新技术产业开发区系统内具体的高新技术企业而言，

通常其所受的干扰来自两种不同的类型。第一类是来自高新技术产业开发区系统以外的干扰，如宏观经济环境和政策的变化，而加给系统的压力，对高新技术产业开发区系统健康影响较大的这类干扰有国家高新技术发展战略和国际高新技术发展等；由于这类干扰胁迫因子是来自高新技术产业开发区系统以外，并未真正反映系统的特性和特征，但它往往会影响高新技术产业开发区系统发展的软硬环境，从而间接地影响高新技术产业开发区系统的发展，它将会对国家或区域高新技术的发展产生导向性的影响。第二类胁迫因子来自高新技术产业开发区系统本身，是整个高新技术产业开发区系统的组成部分，对高新技术产业开发区系统的健康状况会造成很大的影响，如高新技术产业开发区的产出与投入规模；经营环境；劳动力素质等，它们都是影响高新技术产业开发区实际技术利用效果的重要因素。由于这类胁迫因子从某种程度和角度反映了高新技术产业开发区系统的特征和特性，是高新技术产业开发区系统结构和功能的体现，它们各自的作用及其相互作用的强弱将会直接反映出高新技术产业开发区系统的健康状况来。因此，在评价我国国家级高新技术产业开发区系统的健康状况时，选择高新技术产业开发区对内部胁迫因子的综合抵抗力能力的大小，即高新技术产业开发区系统实际的技术利用效果来测度其抵抗力，也就是说，描述系统对影响其高新技术利用效果的不利因子的抵抗力，就是高新技术产业开发区系统的抵抗力（R），即高新技术产业开发区系统实际的技术利用效果。因为，实际的技术利用效果就是高新技术产业开发区系统在一系列影响系统发展胁迫因子的综合作用下保持或达到的技术利用效果，是系统经受干扰后的最终结果，因此，它就是系统对内外胁迫抵抗力的直接反映。

因此，在本研究中，高新技术产业开发区生产技术利用效果的含义是指高新技术产业开发区系统在一定的投入水平下、在一系列影响系统发展胁迫因子的综合作用下所实现的产出规模或产出量。显然，这一指标与高新技术产业开发区系统的产出有着直接的关系。

（4）高新技术产业开发区系统抵抗力的定义。

在既定的投入水平下，提高产出有两种方法可供选择，一是通过生产技术的改变（开发或采用新的技术）；二是改善技术利用效果（在既定技术水平下改善获得更多产出的能力）。也就是说，如果生产者的生产高度有效（即技术利用效率非常高），则提高产出只能通过增加技术开发（R&D）或引进新技术来实现。如果生产者当前的技术利用效率较低（即存在较大的技术无效），则最佳的策略选择就应该是通过改善管理和生产资源的合理配置，增加企业的环境适应性，来提高企业的生产效率。

对于高新技术产业开发区企业来说，最佳的策略是依赖于当前技术利用水平的提高。因为，对于在既定的时间段内，高新技术产业开发区企业生产过程中所采用的技术是既定的，要提高当前技术利用水平，必须通过改善管理和生产资源的合理配置，增加企业的环境适应性和稳定性来达到，也就是说，技术利用效果是高新技术产业开发区系统与其环境相互作用的结果，其大小反映了系统对其环境胁迫的抵抗力和维持自身稳定的能力。

依据生态系统健康学对生态系统胁迫因子及其抵抗力的定义和高新技术产业开发区系统健康的本质属性（R），从理论上讲，高新技术产业开发区系统的抵抗力可以构造为：$R=(1-P)\times 100\%,(0\leqslant R\leqslant 100)$。

即针对某一个研究对象，设系统胁迫的影响强度为 $p(0\leqslant p\leqslant 1)$，则可以定义其系统抵抗力 R 的大小为：$R=(1-P)\times 100\%,(0\leqslant R\leqslant 100)$。

其中，R 为高新技术产业开发区系统的抵抗力，即高新技术产业开发区系统的实际技术利用效果；P 为系统胁迫的影响强度（$0 \leqslant P \leqslant 1$），反映了高新技术产业开发区环境因素对高新技术利用的胁迫影响强度，具体指高新技术产业开发区企业在受到对其高新技术利用胁迫因子的影响作用下而降低的实际技术利用效果。

从可操作性角度出发，在现实的管理研究中，“降低的实际技术利用效果”是一个难以确定的量，因此，本书在具体研究中直接采用“高新技术产业开发区系统实际的技术利用效果”作为高新技术产业开发区系统对其胁迫抵抗力的定义和衡量，即：

$$抵抗力(R) = 实际技术利用效果$$

在衡量高新技术产业开发区系统效果的影响因素时，本章选择了反映高新技术产业开发区技术利用效果特征的以下因素：高新技术产业开发区的产出、高新技术产业开发区规模、企业业务构成、技术开发效率、国际化程度、中高级就业岗位比例等。

在研究中，采用熵值法对我国高新技术产业开发区系统的实际技术利用效果进行具体的测定。

4. 高新技术产业开发区系统多样性与系统抵抗力的关系

衡量高新技术产业开发区系统抵抗力的最佳标准，是通过考察该系统是否能够通过技术创新及其成功的商业化、产业化的运作，创造新的市场机会，提高整高新技术产业开发区系统的多样性，从而为依赖于它们的物种提供持久的利益，以维持高新技术产业开发区系统内多种物种的生存，保证系统的持续发展。系统受到干扰后抵抗力（恢复力）的大小，很大程度上取决于系统的物种多样性和其种群表型多样性的高低。例如，通过对我国特有的植物银杉的濒危机制的研究表明，人类活动特别是对森林的乱砍滥伐加速了银杉种群的减少，但遗传多样性的降低、生殖障碍的加大、种子产量的减少以及更新不良等银杉本身固有的生物学特性的弱化对其种群的生存构成了严重的威胁。但也并不是说物种丰富的系统抵抗力就一定比物种贫乏的系统的抵抗力低。例如，我国某一些高新技术产业开发区，技术行业看起来很完善，涵盖了九大高新技术领域，显示了该高新技术产业开发区较高的物种丰度，但由于其相对多度较低，例如，产品多样性、市场多样性和产品的外向度多样性指数偏低，与物种丰富度不协调，因此在发展过程中缺乏持续性的创新能力和竞争力，对环境的适应性不足，高新技术产业开发区系统生命力弱化。

物种丰富的系统对干扰的抵抗力有时也会比物种贫乏的系统低。也就是说，一个物种丰富度相对较低，但种群的表现型多样性较高的系统可能较物种丰富度相对较高，但表型多样性贫乏的系统具有较高的抵抗力。表型多样性丰富的系统，不仅表现为形态的多样性，而且还具有多样性的自我调控功能以及完善的环境适应性，在外界干扰情况下具有更多的环境适应性。

在特定的生产力水平下（在特定的社会发展阶段），高新技术产业开发区系统物种多样性的高低即高新技术产业开发区系统高新技术行业多样性的高低、产品种数多样性的高低，都会直接影响到系统对干扰的抵抗力；同时，高新技术产业开发区系统种群表型的多样性如高新技术产业开发区系统产品的多样性、产品的市场多样性及高新技术产业开发区企业发展对策与战略的多样性等，都直接影响着高新技术产业开发区系统受到干扰后恢复力的大小，因此，高新技术产业开发区系统物种多样性和系统种群表型的多样性都直接影响着高新技术产业开发区系统的稳定性和可持续发展。

通过这些研究，将提出一种全新的高新技术产业开发区评价研究理论和方法，实现理论研究上的创新，并为实现高新技术产业开发区与所在区域的技术创新发展提供政策依据，从而更好地辅助我国各类高新技术产业开发区的区域发展决策，科学地引导我国高新技术产业开发区高科技中小企业的专业化分工与协作机制的有效形成，提高我国高新技术产业开发区内部自繁育发展水平，使得每一个高技术企业都处于生长和创新的“最佳生态位”，并最终形成我国健康的高新技术产业开发区，使得我国高新技术产业开发区应具有的知识溢出效应、集聚效应、共生经济效应、专业化效应、追赶和拉拨效应以及模仿创新的后发优势—自主创新能力真正显现出来，为我国在未来高技术创新及其产业化发展的国际竞争领域保持领先优势奠定坚实的基础。

3.4 本章小结

高新技术产业开发区系统健康研究是一种综合管理高新技术产业开发区创新资源的重要方法，它不仅是高新技术产业开发区创新资源管理的一个目标，而且更重要的是，它可以作为高新技术产业开发区创新资源管理的一种有效手段。本章以我国国家级高新技术产业开发区系统结构功能组成中的基本功能，即高新技术产业开发区系统的创新活力、组织结构及系统抵抗内外胁迫的能力作为研究对象，针对我国国家级高新技术产业开发区系统发展中出现的功能偏离、高新技术产业化发展水平低、缺乏自主创新能力、对环境胁迫的抵抗力低下等现状，在高新技术产业开发区系统健康概念及其特征的基础上，以高新技术产业开发区系统的稳定性、可持续性和整合性为目标，提出了包括高新技术产业开发区系统创新活力、组织结构、抵抗力在内的高新技术产业开发区健康评价理论。

第4章

高新技术产业开发区健康评价指标体系

高新技术产业开发区系统健康评价主要是基于高新技术产业开发区系统的稳定性、持续性和高新技术产业开发区系统结构和功能的完备性（整合性）来进行研究。高新技术产业开发区系统的稳定性、可持续性和整合性是系统健康的基础，也是高新技术产业开发区系统健康评价的标准。一个系统只有在结构完整、系统相对稳定的条件下，才能够充分地实现它的创新过程和创新功能，并维持系统的可持续性，这样的系统才是健康的、具有持续创新动力和创新活力、才能完成我国自主创新体系的建立和完善，为我国经济社会的发展提供坚强的技术基础，才能推动我国产业创新、促进产业升级和产业结构优化、培育和发展有前途的替代产业和新兴产业，从而使成为一个为创造、储备和转让知识、技能和新产品的高新技术网络系统，使我国经济社会发展和高新技术的产业化发展保持持续的活力。

4.1 高新技术产业开发区健康评价系统

我国是一个创新资源相对匮乏的国家，由于各种原因，我国高新技术产业开发区系统还缺乏为我国经济社会发展提供核心技术基础、推动我国产业创新、促进产业升级和产业结构优化、培育和发展有前途的替代产业和新兴产业的能力。因此，研究我国高新技术产业开发区系统健康状况，充分发挥我国现有创新资源、提高我国高新技术产业开发区系统质量、提高其高技术服务功能，是改善我国经济发展环境、对我国创新资源进行可持续管理的关键，也是目前在高新技术产业开发区管理中所需解决的问题之一。本章就针对目前我国高新技术产业开发区系统现状及其造成这种状况的原因，进行高新技术产业开发区系统健康的研究，建立了高新技术产业开发区系统健康的评价指标体系与评价标准，构建了高新技术产业开发区系统健康评价框架，探索适合我国高新技术产业开发区系统健康的研究方法。

近年来，我国国家级高新技术产业开发区取得了巨大的成绩（见图 4－1），截止到 2004 年底，53 个国家级高新技术产业开发区共有企业 3.9 万家，共有企业从业人员 448.4 万人。高新技术产业开发区全年营业总收入达 27 466.3 亿元，比上年增长 31.2%；工业总产值 22 638.9 亿元，比上年增长 31.2%；工业增加值 5 542.1 亿元，增长 27.1%；净利润 1 422.8 亿元，增长 26.0%；上缴税额 1 239.6 亿元，增长 25.2%；出口创汇 823.8 亿美元，增长 61.5%。1992～2004 年的 12 年间，高新技术产业开发区上述 6 个经济指标的年均增长率分别达到 48.9%、49.2%、31.7%、40.6%、49.6% 和 55.6%。这充分说明高新技术产业开发区的蓬勃发展势头和在促进改革开放、促进地方经济发展、促进科技与经济结合方面的重要作用。

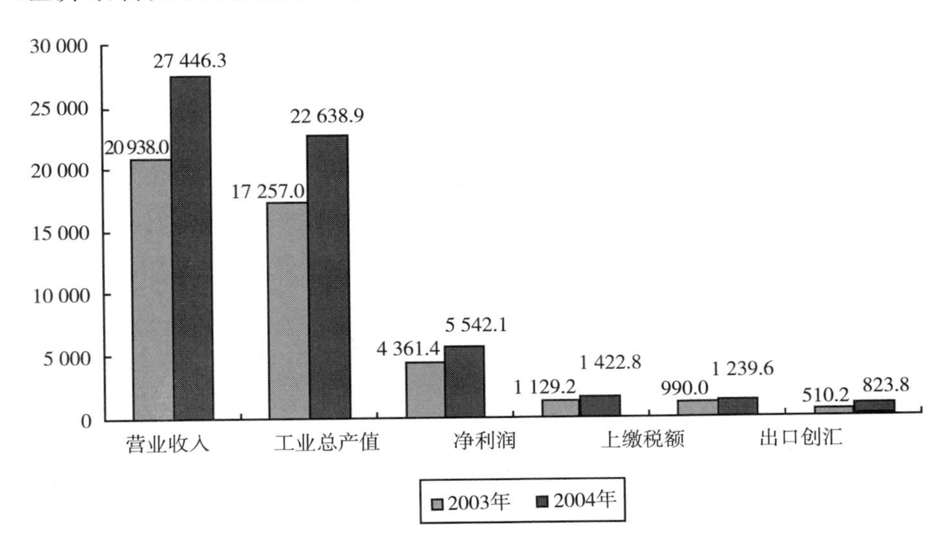

图 4－1　2003～2004 年高新技术产业开发区主要经济指标比较（单位：亿元、亿美元）

资料来源：2004 年国家新技术产业开发区综合发展报告。

4.1.1　高新技术产业开发区不健康症状及其表现

经过 15 年的发展，我国高新技术产业开发区系统显然已经取得了可喜的成绩，但也存在一些不健康的症状，在这些表象的背后，隐藏着的是我国国家级高新技术产业开发区现实功能与预设功能出现了较大的差异，即出现了高新技术产业开发区功能的偏离现象，特别是基本功能与其的现实功能的较大偏离，从而导致我国高新技术产业开发区在推动我国高新技术及其产业化发展、实现我国创新型国家建设的目标上依然很不理想，甚至出现了令人担忧的状况。具体体现在以下几个方面：

1. 高新技术产业开发区偏离为经济技术开发区

国家高新技术产业开发区的初始目标主要是本土高新技术的产业化，属于内生型开发区。经济技术开发区则是外来技术的本土化，旨在吸引国外的先进技术、管理经验、资金和设备等直接为我国的经济建设服务，其定位是以利用外资、发展工业、出口创汇为主，属于扩散型经济开发区。但近年来，由于把引进外资规模的大小成为衡量这两类开发区绩效的主要指标，因此，有大批国家级高新技术产业开发区把招商引资的目光集中在了投资密度高、项目规模大的外资企业上。首先，外商企业成为许多高新技术产业开发区发展的主流，其所占比重稳步提高。2002 年外商（包括港澳台）投资企业数量在 53 个国家高新技术产业开发区全部企业数量分布中占到 17%，其从业人员占到 24%，总收入占到 40%，工业总产值占到 44%，出口创汇占到 78%。不少大型的高新技术产业开发区，如苏州高新技术产业开发区的投资企业，其企业来源最集中的是外商电子类项目，2003 年外商投资企业数占其全年入区企业数的 60% 以上。其次，在国家高新技术产业开发区生产型项目比重极大，占 80% 左右。上海、大连、苏州等外向度高的高新技术产业开发区，其比例更高达 90% 以上。国家高新技术产业开发区企业结构呈现出以产品生产体系为主，以商品流通为辅的结构特点。近几年，技术性收入所占比例虽略有微弱上升，但从总趋势上来看却呈下降趋势。

这种不加区分的发展模式，不仅使得引进外资、外企与发展高新技术产业混同起来，还使得高新技术产业开发区走上了与经济技术开发区相同的道路，注重的不是高新技术的创新和产业化的发展，而是采用以吸引外资、以工业为主的一般经济技术开发区的发展模式，严重偏离了我国建立国家级高新技术产业开发区的初衷。

2. 高新技术产业开发偏离为房地产开发

2003 年，52 个国家高新技术产业开发区中有 10 个其房地产开发面积超过了产业开发面积，甚至有些国家级高新技术产业开发区内的房地产用地竟达到100%，区内布满了酒店、饭店、娱乐场所、美食城，却不见孵化研发楼、工业厂房。不少国家高新技术产业开发区在土地征用之前甚至于规划之前，就已将土地出让给房地产开发公司，还美其名曰“抢抓机遇”“经营城市”。虽然所有国家高新技术产业开发区都很注意硬件配套设施建设，但由于全国各类开发区过多，发展经济招商引资竞争压力过大，因此，许多国家高新技术产业开发区产业项目很少，却是商品房林立。一方面，有些高新技术产业开发区借口发展经济，弃国家法律法规对经营性土地协议出让的禁令不顾，擅自改变土地用途，在区内进行房地产开发，获取高额收益。另一方面，认为“一定程度的区域繁荣，是投资环境不可或缺的组成部分”，把高新技术产业发展的不力因素归结为缺乏这些表面的区域繁荣，从而致使快出形象和政绩的观念成为众多高新技术产业开发区的发展模式，使我国不少国家级高新技术产业开发区的发展带有浓厚的房地产驱动型特色。

3. 高新技术产业开发区的研发孵化功能弱化

我国高新技术产业开发区的技术创新体系不完善，专业孵化器和研究发展基地建设滞后，企业之间以及企业与其他各类机构之间的合作关系弱化，所属区的企业间分工与协作的机会极少，“产业生态链”不长，基本上没有形成与其他知识环境沟通的本地化网络，而且系统内产业结构趋同，有限的高新技术资源分散，尚未建成一批上规模、水平高、效益好并富有活力的高新技术产业群，高新技术产业应有的创新活力强、产业链条长、推动作用大的效果还没有充分发挥出来。具体可以通过表4－1来显示。

从总体上看，我国研发投入的比例呈下降和低水平徘徊趋势（见表4－1）。

表 4－1 1992～2005 年国家高新技术产业开发区研发投入总额与研发投入强度

年份	1992	1993	1994	1995	1996	1997	1998	1999
R&D 投入总额（亿元）	15.2	48.0	64.9	57.1	62.4	95.4	134.0	230.8
R&D 投入强度（%）	10.06	13.87	10.08	5.22	3.46	3.47	3.34	4.13

年份	2000	2001	2002	2003	2004	2005
R&D 投入总额（亿元）	155.37	221.8	314.5	419.5	613.8	806.2
R&D 投入强度（%）	2.04	2.22	2.52	2.44	2.69	2.77

资料来源：中国火炬计划统计资料。

这些数据说明国家高新技术产业开发区总体的研发、孵化功能在不断趋于下降和弱化。科技与经济脱节、研发投入强度不足的问题并未解决。

4. 高新技术产业开发区管理模式陈旧

随着国家高新技术产业开发区的发展，地方政府在加强领导的同时，一些高新技术产业开发区受计划经济概念的影响，使高新技术产业开发区在管理体制、运行机制等方面的综合改革出现弱化的现象。从高新技术产业开发区管理模式来看，53 个国家级高新技术产业开发区中，17% 的区其管委会与所在行政区合并，即两区合一，共有 9 个这样的高新技术产业开发区；36% 的区其管委会代管高新技术产业开发区所在的乡镇，共有 19 个这样的高新技术产业开发区；43% 的区采用以管委会为主体的管理模式，这样的高新技术产业开发区共有 25 个。前两种模式的出现，主要是高新技术产业开发区发展建设以及相连的土地制度成为城乡之间利益关系最重要的碰撞点和结合点，也是城乡矛盾的集中点，使高新技术产业开发区与周边乡镇的非良性关系不断趋于尖锐化。为了钝化抑或掩盖这些矛盾，地方政府不惜淡化国家高新技术产业开发区旨在促进高新技术产业基本功能，使其重归机构重叠、效率低下的政区型管理模式，从而严重弱化了高新技术产业开发区“小政府、大服务”的理念。另外，随着市场经济的发展，通过要素投入促进经济增长作用的减小，如何继续保持高新技术产业开发区的创新活力，完善高新技术创新环境已经成为发展中的新问题。截至目前，我国《中国高新技术产业开发区法》至今未能通过，高新技术产业开发区的法律地位有待确定，这些问题都将会对我国高新技术产业开发区的“二次创业”带来了深层的影响。

同时，与国际高技术产业相比，从产业技术层次来看，我国高新技术产业开发区的产业大多竞争力都还比较弱小。这说明，我国高新技术产业开发区高新技术的产业化正处于发展过程中，尚未形成相当的产业规模，产业带动力也还不强，尚难在国际经济竞争中充分发挥其先导作用。

4.1.2 我国国家级高新技术产业开发区健康状况与结构功能

一个健康、稳定的系统如果在受到一系列的胁迫干扰后，将会退化到一个脆弱的、不稳定的状态，衰退了的系统在其结构、功能和创新的多样性等方面均会发生质的变化，与健康的高新技术产业开发区系统相比会表现出一系列特征。健康系统与非健康系统的特征对比可以归纳如表4－2所示。

表4－2　健康高新技术产业开发区与非健康高新技术产业开发区的特征比较

高新技术产业开发区系统特征	非健康系统	健康系统
总产出	低	高
创新活力	弱	强
高新技术种类组成的稳定性	不稳定	稳定
创新多样性	少	多
产业结构异质性	低	高
创新关系稳定	不稳定	稳定
产业链的长度	短	长
创新网结构	链状或简单网络	复杂网络

续表

高新技术产业开发区系统特征	非健康系统	健康系统
资本产出率	低	高
资源利用率	低	高
创新辐射功能	弱	强
高新技术服务	不完备	完备
熵值	高	低
信息量	小	大
脆弱性	高	低
抗逆能力	弱	强
恢复能力	弱	强

受到干扰的系统，其创新物种的多样性和结构的多样性都将有一定程度的降低，使其系统结构呈现出单一化特征，同时系统在创新能量（人力、资金、技术）方面的储存能力降低，产业链相对简单，对外界的干扰比较脆弱和敏感，抗逆能力和自我恢复能力降低。

因此，维持一个健康状态对于我国高新技术产业开发区系统的结构和功能显然是是至关重要的。

4.1.3 高新技术产业开发区健康评价与健康管理

建立高新技术产业开发区健康评价系统就是为了能够在对高新技术产业开发区系统功能评价的基础上，提出高新技术产业开发区系统管理策略。高新技术产业开发区系统健康评价是诊断由于经济社会活动和环境因素所引起的高新技术产业开发区创新系统的破坏和功能的偏离所造成的系统结构紊乱和功能失调，从而使我国高新技术产业开发区系统丧失高新技术创新功能和价值的一种评估，以便更好地管理创新资源，使我国创新资源能够可持续地利用。图 4－2 是高新技术产业开发区系统健康、系统服务以及系统管理的流程图，高新技术产业开发区系统在受到胁迫因子的作用下，会使其系统结构和功能产生变化，系统健康状况也随之发生相应的变化，从而对系统的服务功能就会受到影响，在此基础上提出高新技术产业开发区系统的管理对策。

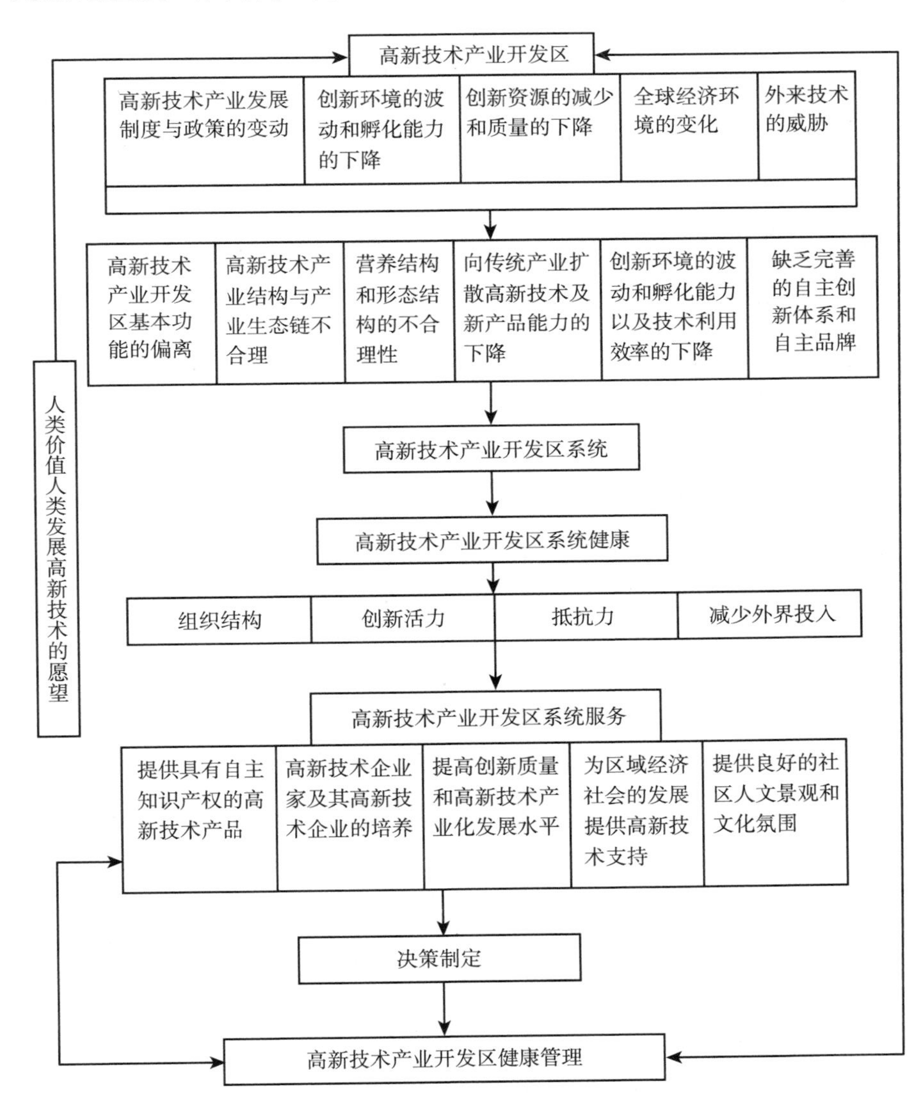

图 4-2　胁迫因子对高新区系统健康和服务的影响及其高新区健康管理决策关系示意

从目前的管理模式看，不论是政府主导型，还是政企合一型或者是企业主导型，我国高新技术产业开发区都设立了管理委员会作为其管理机构之一，但由于其普遍缺乏明确的法律地位，致使某些高新技术产业开发区管理委员会的授权常常与现行行政管理体制存在制度和体制上的摩擦。同时由于很多高新技术产业开发区没有按照职、责、权一致的原则合理设置机构，其管理机构、服务机构和支撑服务体系交叉不清，高新技术产业开发区领导体制不健全，管理权限难以落实，影响了其行政管理效能和运行效率，使其难以实现这一具有超循环的、广泛的高技术交互作用系统的高效发展。

4.1.4 高新技术产业开发区健康评价概念模型

高新技术产业开发区系统健康评价是一项复杂的系统工程，由于影响高新技术产业开发区系统健康的因素是多方面的，各因素影响程度也不尽相同，其相互间又存在一定的相关性。因此，必须结合现代数学统计方法和数学模型，才能较为真实地描述和反映出高新技术产业开发区系统健康状况。本部分提出高新技术产业开发区系统健康评价框架，主要包括评价标准、评价专题、评价要素和评价指标体系四部分，如图 4 –3 所示。

显然，高新技术产业开发区系统的稳定性、持续性和系统结构与功能的完备性是高新技术产业开发区系统健康的基础，也是高新技术产业开发区系统健康评价的标准。评价专题包括了高新技术产业开发区系统的活力、组织结构、恢复力或抵抗力。活力反映了高新技术产业开发区系统的发展能力，即它的活跃性，是高新技术产业开发区系统的能量输入和营养循环容量，放映了高新技术产业开发区系统的内在机理和动态发展过程。组织结构是高新技术产业开发区系统的组成，也即高新技术产业开发区系统

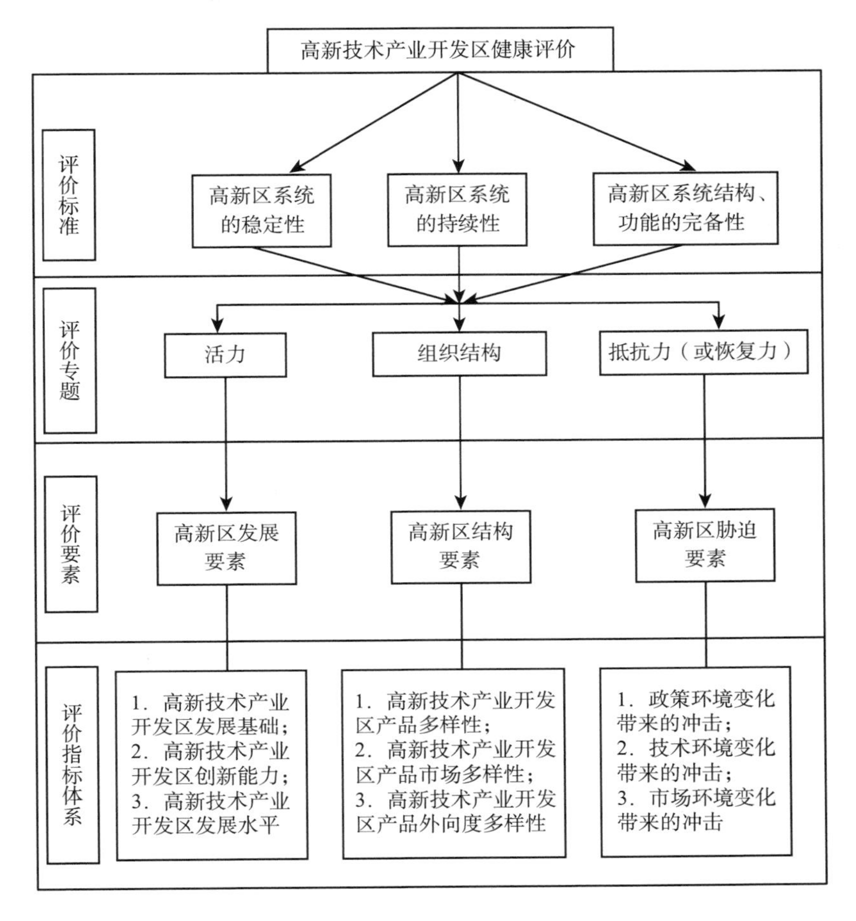

图 4－3　高新技术产业开发区健康评价概念模型

的复杂性，只有结构完备的高新技术产业开发区系统才能充分履行其高新技术的研发功能、商业化功能和产业化功能，为经济社会的发展提供良好的高新技术服务。抵抗力是在高新技术产业开发区系统受到外来干扰后的反应，是指在外界压力消失的情况下系统逐步恢复到稳定状态的能力。高新技术产业开发区系统健康评价内容主要包括其发展要素、结构要素和抵抗胁迫的要素。本书就是在这些评价要素的基础上提出了高新技术产业开发区系统健康评价的指标体系，具体指标如表 4－1 所示。采用这个评价体系，结合现代数学方法和数学模型，如熵法等，就可以对高新技术产业开发区系统健康状况进行综合评价。

这也只是高新技术产业开发区健康评价的一个大体框架，只是提供一个基本的研究思路，具体到不同的高新技术产业开发区系统要有不同的方法来进行研究。

4.2　高新技术产业开发区健康评价标准

在科学评价中，标准和原动力都是以一定的系统为基础的。在研究中必须根据一些标准来评价系统健康，这些标准也总是某一类特殊系统的主要特征。正如我们不能用一个热带湖泊的标准来评价一个温带森林生态系统的功能一样，我们也不能采用一般经济区的标准来评价高新技术产业开发区的功能或健康。

参考生态系统的健康研究，本章认为高新技术产业开发区健康研究将主要从高新技术产业开发区系统活力、组织结构和恢复力等方面来进行，通过这些内容来反映整个高新技术产业开发区系统健康的实质性信息。结合高新技术产业开发区系统的具体情况，本章认为高新技术产业开发区健康标准主要包括活力、组织结构、恢复力、系统服务功能的维持、对邻近系统的破坏及外部输入等六个方面。这些标准将应用到高新技术产业开发区系统的创新活力、组织结构和系统抵抗力等方面，进行高新技术产业开发区系统健康的评价研究。

活力：在生态学中活力是指系统的能量或活动性，表现为能量输入和营养循环，其外在表现是生态系统生产者的生长发育状况、群落盖度和初级生产力水平，实质是指系统的生产率，它是系统健康稳定发展的重要基础。可以根据系统营养循环和生产力所能够测量的所有能量，但并不是能量越高的系统就越健康，正如在一个水生生态系统中，由于土地的失调和土地养分的流失，造成水体富营养化，但并不能认为它就是健康的。在高新技术产业开发区中，活力表现为高新技术产业开发区技术创新主体的持续创新动力和能力，表现为技术创新相关主体的服务与管理能力。在一定范围内，技术创新资源投入的多、技术基础好、创新效率高、经济发展快，说明高新技术产业开发区具有较高的创新活力。

组织结构：在生态系统背景下，组织结构是指系统的物种组成结构及其物种间的相互关系，反映了生态系统结构的复杂性。组织结构随系统的不同而发生相应的变化。但一般的趋势是随着物种多样性和相互作用（如共生、互利共生和竞争）的复杂性增加，而组织结构趋于复杂。在同一个生态系统中，生物成分和非生物成分是相互依存的，在受到干扰的情况下，这些趋势就会发生逆转。胁迫生态系统一般表现为减少物种多样性、共生关系的减弱以及外来物种的入侵机会的增加等。

在高新技术产业开发区系统背景下，组织结构是指高新技术产业开发区内高新技术行业的（物种）组成结构及其它们之间的相互关系，反映了高新技术产业开发区系统结构的复杂性。胁迫高新技术产业开发区系统一般表现为高新技术行业的减少、高新技术企业间合作共生关系的减弱以及外来技术及其产品对国内高新技术产品生存空间的挤压，等等。“相关性”表现为技术创新主体、相关主体合作交流的广泛性、紧密性。多样性、相关性越强，高新技术产业开发区就越健康。

抵抗力（或恢复力）：在生态系统中表现为系统能够承受的最大胁迫，以及胁迫消失后系统克服压力反弹回复的速率，反映了为系统抵抗外部干扰并维持系统结构与功能的能力，是系统保持稳定抵御风险得以生存的重要能力。一般认为，健康的生态系统应该具有较强的消减环境冲击和破坏的能力，从而能够维持多种物种的生存，呈现出丰富的多样性。对于人类经济系统，健康的系统不仅应该具有较强的消减外部冲击的能力，同时更应该是富有创新潜力的组织。恢复力是指系统在外界压力消失的情况下逐步恢复的能力。这种能力也称为“抵抗力”，通过系统受到干扰后能够返回的能力来测量。目前，直接测量抵抗力比较困难，只有在计算机模型的辅助下来进行模拟，预测生态系统在胁迫状态下其恢复能力的动态变化。

服务性：在生态系统中表现为服务于人类社会的功能，如涵养水源、水体净化、提供旅游娱乐、减少水土流失。生态系统越健康，这种服务功能就越充分。在高新技术产业开发区内，服务性体现为技术创新的社会基础条件（物质与文化）、创新环境的适宜性和充分性，创新企业的衍生性等，即能够为创新企业的发展创造各方面的支撑条件。例如，通过提供多种融资渠道，帮助高科技创新企业筹措资金，以支持企业的创新创业和企业的衍生等。

对邻近系统的破坏性：健康的系统在运行过程中对邻近系统的破坏为零，而不健康的系统会对相邻系统产生破坏作用，甚至导致其崩溃。若某一系统（A）在其运行过程中给系统内部成员造成了很大的破坏，如独自享受某一领域高技术创新所带来的利益，剥夺了其合作者或相关贡献者享受这一创新所带来的利润的机会和权利，过分地占有高技术创新的利润空间，致使系统中其他高技术企业崩溃，那么A系统就不是健康系统；又如B系统施行地方保护主义，造成A系统技术创新成果不能在B系统扩散，则B系统不是健康系统。

外部输入：健康的生态系统是不需要外部投入来维持其生产力的。但被管理的生态系统又依赖于外部输入，如农业生态系统，土壤的养分由于作物连续种植而减少，就得通过增加化肥来进行弥补；一些落后和效率低下的农业生产，则由政府通过各种经济措施进行投入补贴。这种补贴不仅掩盖了经济活动的真实成本，而且使人们忽视了由此产生的对生态系统的巨大威胁。当一个生态系统需要大量外部补贴才能维持一定的产出时，则这个生态系统就是不健康的。在高新技术产业开发区内，当系统 A 需要大量外部物质资源（如人力、技术、资金）补贴来进行其高技术创新和经济发展活动，则系统 A 不是一个健康的系统。就系统内部而言，一个健康的高新技术产业开发区，应该能够减少其高技术创新单位产出的投入量（至少不是增加）。

4.3 高新技术产业开发区系统健康评价指标构建原则

高新技术产业开发区系统的健康评价研究，需要基于高新技术产业开发区组织结构的维持能力、高新技术产业开发区的功能过程以及高新技术产业开发区结构胁迫下的高技术创新能力等来进行。系统的稳定性、持续性和系统结构与功能的完备性是高新技术产业开发区系统健康的基础，也是系统健康评价的标准。高新技术产业开发区系统只有在结构完整、系统相对稳定的条件下，才能够充分实现它的高新技术创新目标和高新技术服务功能，并能维持高新技术产业开发区系统的可持续性，这样的高新技术产业开发区系统也才称得上是一个健康的高新技术发展系统，才能成为聚集创新资源、发展先进生产力的有效载体，才能完成我国发展高新技术产业的历史重任，实现我国民族产业走向世界的长远目标。

一般来说，监测一个复杂系统，需要一套综合指标体系。所谓综合指标体系就是由一系列相互联系、相互制约的指标组成的、科学的、完整的总体。它具有目的性、理论性、科学性和系统性等特点。高新技术产业开发区系统的复杂性决定了不能够用单一的观测或指标来准确地概况这种复杂性，需要相当数量不同类型的观测和评价指标。在指标选择时应具有整体性，注重系统的等级性，指标的可比性和可获得性。评价高新技术产业开发区是否健康，需要基于高新技术产业开发区组织结构的维持能力、高新技术产业开发区的功能过程及高新技术产业开发区结构胁迫下的抵抗能力等来确定指标。

一般经济区域的评价指标偏重有形投入与产出，忽视智力和科技要素的投入、产出及其与发展潜力的关系。高新技术产业开发区不同于其他经济，具有智力密集和知识密集的特征，其评价指标体系的构建需要新的概念和测度方法以充分反映它的运作特征。高新技术产业开发区是一个复杂的大系统，在建立其评价指标体系的过程中，必须从系统的观点出发，把握系统的本质特征，在注重整体目标的同时，将其逐层分解，既体现系统的总目标，也体现系统的层次性和各子系统的独立性与相关性。这样才能建立一整套完整、科学的评价指标体系。因此，在建立高新技术产业开发区健康评价指标体系时，应该遵循以下原则：

（1）客观性原则。

即筛选评价指标的过程，要尽可能不受主观因素的影响，客观地分析所选指标的经济含义，依据其经济含义做出取舍。

（2）科学性与可行性相结合的原则。

一般而言，健康评价指标体系，要求指标概念明确、直观、计算方便，资料容易收集，指标数量适当。由于高新技术产业开发区的评价可使用的指标很多，虽然多选择一些指标可以提高评价的精确性，但却容易陷入庞杂的统计和计算当中，使操作难度加大，而且相当一部分指标由于缺乏统计数据的支撑而难以定量描述。因此，指标的选择和设置必须抓住高新技术产业开发区系统发展过程中的主要方面和本质特征，使所选取的指标尽可能有数据支撑，而对数据不可得的指标则只能作舍弃处理，从而使指标具有科学性和可操作性。

（3）定性与定量相结合，以定量为主的原则。

评价指标尽可能采用定量指标，评价指标的数据来源主要是国家统计局编写的《中国城市统计年鉴》、科技部火炬中心等编写的统计资料，以及其他相关的统计资料。但有些指标无法定量描述或者暂时还没有列入现有统计体系的，则需要采用一些定性指标，通过专家打分方式得出评价数据。

（4）可比性原则。

坚持现实可比与发展阶段可比相结合的原则。尽量使得评价结果既国际、国内可比，又与经济发展阶段和产业技术水平相适应，充分反映客观实际。

（5）完备性与独特性相结合的原则。

一般来说，指标体系必须全面、完整地反映被评价对象的状况。在西安市生活中，由于一些约束条件可能限制了指标完备性的实现，例如，指标样本数据采集的约束、计量方法的限制以及指标数量的约束等，这些都可能影响一些指标的使用。为此，在构建指标体系时，要采取完备性与独特性相结合的原则，力争使指标全面、完整，对一些暂时不能克服的限制约束条件，可采取指标筛选，选择一些最能代表评价结果的指标，或该用与此相关的指标替代，使评价指标体系中的没一个指标都有据可查和可以度量。具体来讲，就是在构造评价指标体系时要针对高新技术产业开发区系统的特点，着重从高新技术产业开发区所具有的优势和高新技术产业开发区的主要功能中的某一些方面入手，通过对指标进行功能界定分析，筛选出适当的指标，集中反映这几个方面的不同侧面。

4.4 高新技术产业开发区系统健康评价指标体系的构成

依据以上原则，结合高新技术产业开发区健康性内涵，对高新技术产业开发区系统健康进行评价，要从反映高新技术产业开发区系统基本功能的以下三个方面着手：一是高新技术产业开发区系统的创新活力方面，即从高新技术产业开发区高新技术行业的投入要素，如资本、劳动等的数量与质量方面着手，分析高新技术产业开发区系统的创新能力和核心竞争能力；二是高新技术产业开发区系统组织结构方面，即从高新技术产业开发区系统的高新技术行业发展及其组成方面，考察高新技术产业开发区高新技术行业的组织结构特征及其产业化发展过程中消减外部冲击和胁迫的能力以及富于创新的潜力；三是高新技术产业开发区系统的抵抗力方面，即从高新技术产业开发区系统高新技术行业的技术利用效果现状出发，考察高新技术行业对于其内外环境的适应性大小。

4.4.1 高新技术产业开发区系统健康评价指标体系的含义

评价高新技术产业开发区系统健康，应该紧紧围绕它是一个复杂的经济生态系统这一本质特性来进行，因此，指标体系的设置应根据高新技术产业开发区的基本功能和本质特征来设置，指标体系的建立要顾及以下三个方面：第一，指标的全面性。既要考虑到高新技术产业开发区所依托的城市地区的科技资源、经济技术基础、自然条件和基础设施条件等支撑能力指标，又要考虑到科技人员的流动性以及风险资本等反映高科技产业化特点的指标，以及政府作用、政策制度环境等制度创新的指标。第二，指标的选择应当符合高技术产业的发展规律，应当从不同方面、不同范围和不同层次对高新技术产业开发区的各个方面予以全面评价。第三，指标体系的设计应当为高新技术产业开发区实现高技术产业化的目标提供反映、监控和预警功能。即不仅能够度量和描述高新技术产业开发区发展的现状、优势程度，同时应该能够对高新技术产业开发区未来的发展趋势做出评估。

从高新技术产业开发区系统健康的概念和内涵不难体会对高新技术产业开发区系统健康评价的难度。在此，结合生态系统健康学的相关理论，尝试以高新技术产业开发区基本功能为纲，从投入—产出、知识产出和交流、商业化为中心等角度，综合考虑，以期得到合理的、科学的高新技术产业开发区系统健康综合评价指标体系。该体系由3个一级指标、5个二级指标和21个三级指标组成（见表4－1）。各项指标及其含义如下：

1. 衡量高新技术产业开发区系统的创新活力方面指标

高新技术产业开发区系统活力首先能够反映其高新技术的创新能力和创新主体的发育状况，应该选择那些能够突出高新技术产业开发区创新功能的考核指标，以区别于一般经济区域的评价指标，应该重视其智力和科技要素的投入、产出及其财富的重新分配关系。所以本研究选择了高新技术产业开发区系统的研发投入、孵化能力和创新效率三个二级指标作为衡量高新技术产业开发区系统创新活力的指标。

创新活力B1。创新活力是评价高新技术产业开发区系统从产业主导阶段向创新突破阶段转换时技术与制度创新状况的重要指标，也是直接针对在上述转换时“全面创新”这一能力的评价需要所设计的指标。在本书评价指标体系中采用高新技术产业开发区系统的创新能力（C1）、孵化能力（C2）和创新效果效率（C3）三个级指标来反映高新技术产业开发区的创新活力。其中，创新能力（C1）再分解为三个三级指标：（D1）R&D投入强度、（D2）R&D人员比例、（D3）R&D人均经费。而（D1）R&D投入强度，即R&D经费占技工贸总收入的比例被经济合作与发展组织（OECD）选作用来判断某一产业是否属于高新技术产业的依据。按照经济合作与发展组织（OECD）1994年确定的标准，R&D经费占销售收入比例大于7.1%的产业为高新技术产业。本部分也采用这个指标来判断高新技术产业开发区对创新能力的重视与培育。

要综合评价高新技术产业开发区系统健康，科学的指标体系无疑是关键所在。国家高新技术产业开发区的灵魂就是创新，主体是高科技企业。因此，国家高新技术产业开发区的评价指标体系必须首先能够反映其创新能力和创新主体的发育状况。在这一方面，应该借鉴硅谷的指标体系。在硅谷有一个专门的机构，每年向全球发布“硅谷”指数（index of silicon valley），反映硅谷发展的健康状况、区域利益和问题所在。在硅谷指数37大指标中，最重要就是反映硅谷创新能力的指标。

所以本书在我国高新技术产业开发区的“二次创业”的健康性研究中突出了创新活力的考核，以区别于一般经济区域的评价指标偏重于发展布局及基础设施、生产生活、区位条件等有形要素指标，而忽视智力和科技要素的投入、产出及其相关因素。

高新技术产业开发区的创新投入是决定高新技术产业开发区系统创新活力的物质基础。从高新技术产业开发区投入的资本、劳动等要素的数量与质量等方面考察高新技术的创新活力，可采用创新能力（C1）、孵化能力（C2）和创新效果（C3）三级指标来反映高新技术产业开发区的创新活力。

（1）创新能力（C1）指标。在本研究中创新能力（C1）再分解为三个三级指标：（D1）R&D 投入强度、（D2）R&D 人员比例、（D3）R&D 人均经费。其中：

R&D 投入强度（D1）（%）= R&D 经费/产品销售收入。国际经济合作与发展组织（OECD）选用的是 R&D 经费占技工贸总收入的比例来作为判断某一产业是否属于高新技术产业的依据，并按照 R&D 经费占高新技术产业开发区技工贸收入比例大于 7.1% 来划分为高新技术产业，这也是经济合作与发展组织（OECD）1994 年确定的标准。我国科技部火炬中心针对我国国家级高新技术产业开发区的实际情况，采用 R&D 经费占高新技术产业开发区产品销售收入的比例来判断高新技术产业开发区对其创新能力的重视与培育。本研究也采用此项指标来作为反映我国高新技术产业开发区创新能力的指标之一。

R&D 人员比例（D2）= 高新技术产业开发区年末 R&D 从业人员/高新技术产业开发区年末从业人员。该指标对于高新技术产业开发区技术创新能力的建设来说很重要，而且被一些国家用作高新技术企业的判断标准之一，反映了高新技术产业开发区 R&D 人员的相对数量。一般而言，较高的 R&D 人员比例是高新技术产业开发区创新能力的一个重要来源。

R&D 人均经费（D3）= R&D 经费/年末 R&D 从业人员。这是一个相对强度指标，是从标志高新技术产业开发区研发水平的人均投入规模角度反映高新技术产业开发区的创新活力。

（2）孵化能力（C2）指标。

在本研究中孵化能力（C2）又分解为三个三级指标：（D4）当年在孵企业数、（D5）小企业入驻率（%）、（D6）在孵企业成长率（%）。

当年在孵企业数（D4）：指高新技术产业开发区当年孵化企

业数量，反映了高新技术产业开发区对高新技术企业的孵化能力。

高新技术小企业入驻率（D5）= 入驻小企业数占园区企业总数的比例，是高新技术产业开发区对高新技术企业的吸引力与高新技术企业入驻障碍的结果。

在孵企业成长率（D6）= 在孵企业当年技工贸总收入与园区去年技工贸总收入的比例。

（3）创新效果（C3）：在本研究中创新效果（C3）又分解为六个三级指标：（D7）产品市场规模、（D8）研发投入效果、（D9）专利数、（D10）高新技术的商业转化率（%）、（D11）高新技术产业开发区从业人员人员平均工资、（D12）毕业企业率（%）。具体含义如下：

（4）产品市场规模（D7）= 产品销售收入/产品品种，反映了高新技术产业的市场发展概况。高新技术的发展应该与高新技术产业的发展紧密联系，否则对高新技术产业化的发展是不利的。

（5）研发投入效果（D8）= 产品销售收入/R&D 投入费用。该指标反映了高新技术产业开发区系统高新技术产业的规模化模、标准化发展状况。但只具有标识性的意义，并不能作为高新技术产业开发区技术实力的定量标准，因为研发经费的投入还要经历发展的技术风险和生产实现上的不确定性。

（6）专利数量（D9）指高新技术产业开发区主要产品获得的专利数量，包括发明、实用新型、外观设计专利数三类。

（7）高新技术的商业转化率（%）（D10）= 技术性收入/产品销售收入。反映了高新技术产业开发区系统中有多少高新技术正在被应用到产品生产中。

（8）高新技术产业开发区从业人员平均工资（D11）= 高新

技术产业开发区技工贸总收入/高新技术产业开发区年末从业人员总数。这是反映高新技术产业开发区经济类型的一个重要指标，用来区分高新技术产业开发区经济类型，如果是数量型经济，则其增长幅度不大，反之，如果是质量型经济，则其增长幅度相对较大。同时，由于高新技术产业开发区内同质企业数量的增多，竞争激烈，导致工资水平的不断攀升，从而促进了科研人员在同质企业和园区内其他企业之间的合理配置，而且吸引了园区外科研人员向园区内的不断聚集，进而促进了高新技术产业开发区创新活动水平的不断提高。

（9）毕业企业率（D12）(%)＝当年毕业企业数量/高新技术产业开发区当年园区企业总数，反映了高新技术产业开发区高新技术企业的孵化能力。

2. 衡量高新技术产业开发区系统组织结构方面的指标

组织结构是指高新技术产业开发区系统技术行业的组成结构及其各个高新技术企业间的相互关系，反映了高新技术产业开发区系统结构的复杂性，对高新技术产业开发区系统组织结构的测定方法主要是测定高新技术产业开发区系统的多样性来确定，包括其物种多样性和种群的表型多样性。

因此，系统的多样性集中体现了高新技术产业开发区系统组织结构特征，是综合反映高新技术产业开发区高新技术行业发展特征的一个重要方面。高新技术产业开发区系统的多样性可以综合表现为在高新技术及其产业化发展过程中系统消减外部冲击和胁迫的能力以及富于创新的潜力，包括系统创新主体的多样性和创新物种（创新行业）及其创新活动的多种类。从该角度考察高新技术产业开发区高新技术行业的健康性，具体使用高新技术产业开发区系统的产品多样性指数、产品的市场多样性指数、产品外向度多样性指数等指标，通过这三个多样性指数来综合评价高新技术产业开发区系统组织结构的多样性。

（1）高新技术产业开发区高新技术行业市场多样性指数（D13）= 高新技术产业开发区某一高新技术行业产品销售收入/高新技术产业开发区系统所有高新技术行业的产品销售收入，称为产品的市场多样性指数，揭示了高新技术产业开发区系统内种群表型的多样性特征。该指标表明高新技术产业开发区高新技术产业在国内市场竞争中所具有的实力的大小，是体现高新技术产业市场扩张能力的重要指标。以此考察新技术事实上在多大程度上正在被用于新业务和新产品，反映了高新技术产业开发区系统某一高新技术领域的商业转化率。一般地，多样性指数较高，标志着行业的市场竞争力处于较佳的实现状态，具有较高的市场创造开拓能力。

（2）高新技术产业开发区高新技术行业的产品多样性指数（D14）= 高新技术产业开发区某一高新技术行业产品品种数/高新技术产业开发区系统所有高新技术行业产品品种总数。反映了高新技术产业开发区系统高新技术行业的相对多度，以此显示高新技术产业开发区高新技术行业的发展特征。该指数用来说明高新技术产业开发区系统高新技术行业的多样性程度以及多度分布状况，反映了高新技术产业开发区系统高新技术行业分布的均匀程度，是对高新技术产业开发区系统整体健康状况的一个评价方面。

（3）高新技术产业开发区高新技术行业产品外向度多样性指数（D15）= 高新技术产业开发区某一高新技术行业产品出口创汇额/高新技术产业开发区系统所有高新技术行业产品出口创汇总额，反映了高新技术产业开发区系统某一高新技术领域开拓国际市场的能力，揭示了高新技术产业开发区系内种群表型的多样性特征。该指标从理论上描述了高新技术产业开发区产品的国际

（区域）输出程度，是衡量高新技术行业对外开放程度及国际市场扩张能力的重要指标。一般地，行业外向度指数越高，表明其对外开放程度及国际市场扩张能力越强，系统的多样化程度越高。

3. 衡量高新技术产业开发区系统的抵抗力方面指标

（1）技术创新活动是指从一项新产品、新工艺或新的社会服务方式的设想的产生和形成开始，经过研究开发、工程化、商业化生产和成功地到达市场一系列活动的总和。是以创造性和市场成功为基本特征的周期性技术经济活动的全过程，在这一过程中，创新活动无时无刻不再受到环境胁迫的影响和冲击。因此，在高新技术产业开发区系统中，抵抗力反映了系统抵抗外部干扰并维持系统结构与功能的能力，是系统保持稳定、抵御风险而得以生存的重要能力。高新技术产业开发区技术创新效果是创新活动与其生存环境相互作用的结果，反映了系统对环境胁迫的抵抗力。在本研究中，通过研究对象对胁迫因子的抗性大小即实际的技术利用效果来计算系统的抵抗力。并采用熵值分析法，进行具体的测定。其中设置了6个三级指标，即高新技术产业开发区产出（D16）；高新技术产业开发区技工贸总收入（D17）；主流产品优势度（D18）；技术开发投入效果（D19）；国际化程度（D20）；中高级就业岗位比例（D21）。

（2）高新技术产业开发区的利税总计（D17）= 净利润 + 上缴利税，反映了高新技术产业开发区的产出水平。

（3）高新技术产业开发区技工贸总收入 D18。该指标反映了高新技术产业开发区的发展规模，是高新技术产业开发区高新技术产业发展基础的重要指标。按照规模经济的理论，只有企业生产规模达到一定的水平，企业才能处分利用其固定资产投入，使得单位成本达到最低，因此，技术利用的效果在一定程度上将会受到企业规模的影响。在分析中，根据掌握的数据情况，选用高新技术产业开发区技工贸收入作为衡量高新技术产业开发区规模的指标。

（4）我国 GDP（D19）。该指标集中体现了高新技术产业开发区企业所处的经营环境特征。经营环境是高新技术产业开发区企业经营中一个至关重要的因素，处于较好的外部环境中的企业，可以拥有更加便利的运输、信息等条件，有利于企业更好地进行经营决策，使得企业生产条件可以更加有效地加以利用，因而，经营环境将对高新技术产业开发区技术效率的发挥产生重要影响。一个企业所处的经营环境由各种因素所构成，包括劳动力供给状态、劳动力成本、交通状态、通信、信息、市场等，由于数据所限，选择我国经济社会发展水平作为一个综合指标来反映高新技术产业开发区发展所处的外部经营环境。

（5）高新技术产业开发区主流产品优势度（D20）= 产品销售收入占技工贸总收入比重。该指标反映了高新技术产业开发区企业的业务构成特点，高新技术企业应该建立以产品为核心的发展基础，技术性服务和商品销售应该借助于具有竞争优势的主流产品的优势，只有掌握具有竞争优势的主流产品，企业在市场竞争中才能具备更好的发展潜力。因此，考虑在技工贸总收入中，以产品销售收入所占的比例作为衡量高新技术产业开发区企业是否具有主流产品优势，这种企业业务构成应该是企业技术效率的一个重要因素。

（6）高新技术产业开发区技术开发投入效果（D21）= 技工贸总收入/科技投入费用。从企业的长期发展来看，技术开发投入起着主要的作用，只有不断地进行技术开发和技术升级，才能使得自己的生产技术达到一定的水平，也才能使得现有的生产技术发挥出应有的作用，特别是对于高新技术企业，技术开发的作用将更为重要，因此，企业技术开发效果是企业生产技术效果的一个重要组成。

（7）高新技术产业开发区国际化程度（D22）：以出口创汇占产品销售的比例来反映。我国建立高新技术开发区的几个重要的考虑是要作为对外开放的窗口，也是我国高新技术产业开发区的基本功能之一。由于高新技术企业本身更加具备外向性，是我国高新技术产品开拓国际市场的排头兵，因此以该指标作为一个衡量我国高新技术产业开发区整体在国际市场的竞争能力。外向化程度的指标应该包括外资在高新技术产业开发区资本中的比例和高新技术产业开发区企业向国外市场的发展。由于数据所限，这里只考虑高新技术产业开发区企业出口创汇在产品销售收入中的比例作为外向化的指标。本书认为，出口创汇占产品销售额比例高的企业表明其产品更加具有国际市场竞争力，反映了其较高的技术利用效果。

（8）中高级就业岗位比例（D23）：在任何企业中，劳动力都是一个非常重要的生产要素，劳动力素质的高低，决定了其对生产技术的掌握程度，也决定了在生产过程中灵活运用生产技术的能力，特别是在高新技术企业，劳动力能否有效地掌握生产过程中使用的先进设备，是决定生产技术能否充分发挥作用的关键，因此，本书认为，企业能够提供的中高级工作岗位的多少是其技术利用效果的一个重要方面，企业里高素质劳动力的就业比例直接反映了企业的技术效果。在研究中，采用拥有中高级职称的劳动力在总劳动力中的比例作为衡量高新技术产业开发区技术利用效果的指标。

4.4.2 高新技术产业开发区系统健康评价指标体系的构成

我国高新技术产业开发区的建设应该坚持走可持续发展道

路，积极参与我国资源节约型、环境友好型和和谐社会的创建。高新技术产业开发区的技术创新活动不仅是社会经济活动的内生变量，而且对自然生态环境也有着重要影响。经济发展过程中资源开采技术、资源使用技术的不同，都会对自然生态环境造成破坏或污染，由于生态环境具有很强的关联性，这将对社会经济的持续增长产生持久的危害，所以它们都会影响高新技术产业开发区技术创新的内容和方向。同时，高新技术产业开发区技术创新系统本身具有生态系统的许多特征，在生态系统中存在着个体、种群、群落和生态系统的行为演化，在高新技术产业开发区系统中也同样存在个体技术创新、种群技术创新、群落技术创新和高新技术产业开发区整体创新行为演化，因此运用生态学原理进行高新技术产业开发区健康研究不仅具有科学性和可行性，而且丰富了生态学研究内容，实现了理论研究的创新。在以上分析的基础上，形成了基于生态学范式的高新技术产业开发区健康评价指标体系。

显然，高新技术产业开发区健康性评价指标体系由三层构成：第一层为目标层，它反映了某一时期或某一时点所评价对象的政坛综合发展状况；第二层为判别准则层，即将目标层指标的若干关键判别准则分列，以便进一步评价；第三层为指标层，它是进行评价的具体内容，可以根据需要进一步细分。

活力、组织结构和恢复力说明了高新技术产业开发区系统的稳定性和适应性，是高新技术产业开发区灵魂的最本质的反映，根据高新技术产业开发区系统健康内涵和指标筛选原则，并参考生态系统健康理论以及国家科技部下发的相关高新技术产业开发区评价指标体系，选取相互独立且能够反映高新技术产业开发区系统结构属性、创新活力、持续力和管理要求的典型敏感指标，设计了以下高新技术产业开发区系统健康评价指标体系。该指标体系分成四级，其中二级指标 3 个，三级指标 5 个，四级指标 22 个，如表 4 －3 所示。

表 4 －3　　高新技术开发区健康评价指标体系

<table>
<tr><td rowspan="22">高新技术产业开发区健康性评价指标体系</td><td rowspan="12">（B1）创新活力</td><td rowspan="3">（C1）创新能力</td><td>（D1）R&D 投入强度</td></tr>
<tr><td>（D2）R&D 人员比例</td></tr>
<tr><td>（D3）R&D 人均经费</td></tr>
<tr><td rowspan="3">（C2）孵化能力</td><td>（D4）当年在孵企业数</td></tr>
<tr><td>（D5）小企业入驻率（%）</td></tr>
<tr><td>（D6）在孵企业成长率（%）</td></tr>
<tr><td rowspan="6">（C3）创新效果</td><td>（D7）产品市场规模</td></tr>
<tr><td>（D8）研发投入效率</td></tr>
<tr><td>（D9）专利数</td></tr>
<tr><td>（D10）高新技术的商业转化率（%）</td></tr>
<tr><td>（D11）高新技术产业开发区从业人员人员平均工资</td></tr>
<tr><td>（D12）毕业企业率（%）</td></tr>
<tr><td rowspan="3">（B2）组织结构</td><td rowspan="3">（C4）辛普森多样性指数</td><td>（D13）产品多样性指数</td></tr>
<tr><td>（D14）产品市场多样性指数</td></tr>
<tr><td>（D15）产品外向度多样性指数</td></tr>
<tr><td rowspan="7">（B3）抵抗力</td><td rowspan="7">（C5）技术利用效果</td><td>（D16）高新技术产业开发区产出</td></tr>
<tr><td>（D17）高新技术产业开发区总收入</td></tr>
<tr><td>（D18）我国 GDP</td></tr>
<tr><td>（D19）主流产品优势度</td></tr>
<tr><td>（D20）技术开发投入效果</td></tr>
<tr><td>（D21）国际化程度</td></tr>
<tr><td>（D22）中高级就业岗位比例</td></tr>
</table>

4.5　本章小结

本章针对目前我国高新技术产业开发区系统不健康的现状及其造成这种状况的原因，构建了高新技术产业开发区系统健康评价框架，并根据高新技术产业开发区系统健康内涵和指标筛选原则，参考生态系统健康理论以及国家科技部下发的相关高新技术产业开发区评价指标体系，结合高新技术产业开发区健康性内涵，建立了反映高新技术产业开发区系统健康的指标体系，具体涉及系统基本功能的三个方面：第一，高新技术产业开发区系统的创新活力方面，即从高新技术产业开发区高新技术行业的投入要素，如资本、劳动等的数量与质量方面着手，分析高新技术产业开发区系统的创新能力和核心竞争能力；第二，高新技术产业开发区系统组织结构方面，即从高新技术产业开发区系统的高新技术行业发展及其组成方面，考察高新技术产业开发区高新技术行业的组织结构特征及其产业化发展过程中消减外部冲击和胁迫的能力以及富于创新的潜力；第三，高新技术产业开发区系统的抵抗力方面，即从高新技术产业开发区系统高新技术行业的技术利用效果的现状出发，考察高新技术产业开发区高新技术行业对于其内外环境的适应性大小，并采用熵值分析法，进行具体的测定。

第5章

高新技术产业开发区健康评价方法

本章对高新技术产业开发区系统的健康评价是从系统基本功能要素入手，通过对系统创新活力，组织结构和抵抗力的综合评价来反映高新技术产业开发区系统健康状况。因此，从评价方法来看，属于多指标综合评价法的具体应用。

多指标综合评价法是从高新技术产业开发区系统的社会、经济、环境等多个角度选取指标创新活力，组织结构和抵抗力，对高新技术产业开发区系统的健康状况进行综合评价。综合指标评价法包括两种形式：

第一种形式是选择一系列的指标，从不同角度包括从自然、社会、经济等角度提出了多组类似而各有侧重的指标体系，从而对高新技术产业开发区系统健康进行多方面的描述，并根据各指标的评价标准，分别进行评价，然后根据指标的权重进行综合评价。

第二种形式是构造一个综合指数，包含对高新技术产业开发区系统健康多个层面的描述，如通过构造高新技术产业开发区系统健康指数（Health Index，HI）：$HI = V \times O \times R$，V、O、R 分别代表高新技术产业开发区系统健康的三个层面，即系统活力、组织结构和抵抗力，并通过选择不同描述系统健康状况的、由各自不同的方面及若干项指标组成的评价体系来综合评价系统健康。这也是本章采用的具体研究方法，又称为综合指数评价。

显然这两种评价方法都要涉及对其指标权重的确定。目前国内外关于多指标综合评价的方法有很多，根据其权重确定方法的不同，大致可分为主观赋权法和客观赋权法两类。

5.1 高新技术产业开发区健康评价标准定量化的几何解析

把高新技术产业开发区系统健康的三个基本指标放在一个三维立体空间中来表示，就可以更清楚地显示出高新技术产业开发区系统的创新活力（*V*）、组织结构（*O*）、恢复力（*R*）与系统健康的关系，也更有利于我们理解高新技术产业开发区系统健康。图 5 –1 是高新技术产业开发区系统健康评价标准定量化的几何解析。

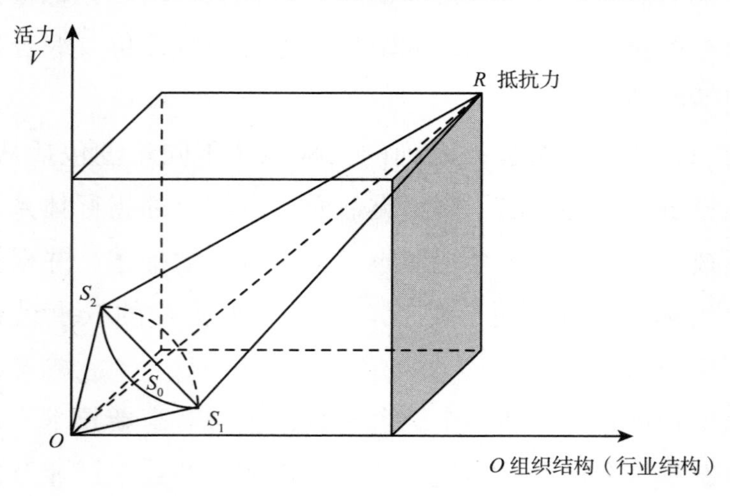

图 5 –1　高新技术产业开发区系统健康评价标准的几何解析

O 表示评价高新技术产业开发区系统健康在特定时间尺度的起点即 t_0，S 表示评价系统健康在特定时间尺度的终点即 t_s。假设在系统健康中，活力（V）、组织结构（O）、恢复力（R）同等重要，直线 OS 的方程为 $V = O = R$，即评价因子活力（V）、组织结构（O）和抵抗力（R）都得到充分的发展，系统处于完全的健康状态。如果系统的发展是沿着直线 OS 发展，则表明该系统处于完全健康状态。例如，评价系统在 t_1 时刻的状态为 S_0，然而现实状态通常如点 S_1 或 S_2，显然是偏离了理想的健康发展状态。

依据图 5－1 可以探讨一些比较极端的情况，从而说明高新技术产业开发区的健康情况：当活力为零时，便形成了一个由创新组织结构和抵抗力决定的无效平面，高新技术产业开发区处于一种低水平重复的状态中，即单纯追求数量而缺乏高新技术的创新发展；由活力和抵抗力组成而组织结构水平很低的高新技术产业开发区，说明其处于一种 r 对策为主的状态，由于缺少多样化的高新技术创新组织和有秩序的创新活动，因而其高新技术创新还不可能成为高新技术产业开发区发展的主要动力；缺乏抵抗力的高新技术产业开发区，是一个由活力和组织结构（高新技术行业）决定的脆弱系统，这种具有组织结构和活力的高新技术产业开发区在一定时间内促进了高新技术的发展，但其低下的系统抵抗力很难对新的环境冲击做出有效的反击，因此，并不具有旺盛的生命力，即可持续发展能力。

5.2 高新技术产业开发区系统健康评价模型

对于高新技术产业开发区系统的健康评价可以借鉴生态系统健康评价模型来进行。

1. 生态系统健康评价模型的评价

关于生态系统健康的评价模型，早在1992年科斯坦萨就曾经对该模型进行了以下阐述：

$$HI = V \times O \times R$$

其中，*EHI* 为生态系统健康指数；

V 为生态系统的活力；

O 为系统的组织结构指数，包括系统的多样性和复杂性，*O* 的取值范围在0～1之间，度量系统的组织结构的相对程度；

R 为系统恢复力指数，取值范围在0～1之间，度量系统的恢复力的相对程度。

在后来的专著中针对如何计算活力（*V*）、组织结构（*O*）以及恢复力（*R*）等指标进行了一些方法和模型上的探讨，但都仅仅是理论上的，实际可操作性不强。

在这个模型中，存在两个问题：（1）活力（*V*）、组织结构（*O*）以及恢复力（*R*）在整个模型中的生态学意义不明确和直观；（2）把组织结构和恢复力两个指标的值限定在区间0～1内，这并没有在此模型和实际中体现出生态系统健康的真正意义。

系统的组织、活力和恢复力三者是系统健康的三个要素，在一个系统中，只有这三者有机结合、相互作用并达到一种协调状态，才能够真正达到健康状态，这三者在系统健康中的作用都很重要，在层次上没有包含与被包含的关系，是既相互独立彼此之间又相互影响。但原模型的生态学意义是，生态系统健康的主导因子仅仅是活力，而组织结构和恢复力只是两个修正指标。生态系统健康的大小从某种意义上来说是经过修正了的系统活力的大小，这显然并不符合实际生态学上真正生态系统健康的含义。而且一个生态系统的生产力或生物量高，也并不意味着生态系统的健康状况就良好。从理论上讲，生态系统健康是这三者有机的结合。因此，在本研究中对于高新技术产业开发区系统健康的评价模型将是对此模型进行修正后的结果，从而使它更符合生态学和经济学意义，并在操作上更方便可行。

2. 高新技术产业开发区系统健康评价模型的构建

通过考察高新技术产业开发区系统结构功能来评价系统健康状况，也就是通过对高新技术产业开发区系统活力、组织结构、恢复力的定量评价，来综合地评价高新技术产业开发区系统的健康状况。定量化地描述和分析系统健康状态的方法可以分为三类，即：

（1）向量式：健康指数 $HI = [V, O, R]^T$，即对 V，O，R 的评价信息不作任何处理；

（2）直线式：健康指数 $HI = w_1V + w_2O + w_3R$，其中 w_1、w_2、w_3 为权重，且 $w_1 + w_2 + w_3 = 1$；

（3）曲线式：健康指数 $HI = \sqrt{\frac{V^2 + O^2 + R^2}{3}}$，这是曲线式综合的一种数学表达式，还可以用健康指数 $HI = \sqrt[3]{V \times O \times R}$，等等。

根据前面章节的分析以及4.1.4所建立的高新技术产业开发区健康评价概念模型，本章运用生态学理念，将采取直线式评价方法对我国高新技术产业开发区系统健康状况进行评价，构建的数学模型如下：

$$健康指数\ HI = w_1V + w_2O + w_3R \quad (5-1)$$

式中：w_1、w_2、w_3 为权重，且 $w_1 + w_2 + w_3 = 1$。

其中：

HI——系统健康指数；

V——高新技术产业开发区系统的创新活力；

O——高新技术产业开发区系统组织结构指数，包括系统的产品多样性指数、产品的市场多样性指数和产品外向度多样性指数，以此来度量高新技术产业开发区系统组织结构复杂性的相对程度；

R——高新技术产业开发区系统抵抗力指数，来度量系统抵抗力的相对程度。

5.3　高新技术产业开发区系统健康评价方法

本部分采用综合指数法评价我国高新技术产业开发区系统健康，在实际评价过程中，高新技术产业开发区系统健康性评价的活力（V）、组织结构（O）以及抵抗力（R）三个指标权重的大小是运用层次分析法计算得出的，而具体评价指标的得分值采用熵值法计算得到，这样就使主观评价方法和客观评价方法相结合，从而使计算结果更科学。

5.3.1　层次分析法

基于以上的相关分析，考虑到指标选取的代表性、科学性、可比性、可操作性，应用层次分析法生成高新技术产业开发区系统健康评价要素即创新活力、组织结构和抵抗力的权重要系数。

1. 权重确定的指导思想

合理确定和适当调整指标权重，体现了系统评价中各指标轻重有度、主次有别，更能增加评价指标的可比性。确定权重的方法很多，如定性经验的德尔菲法，定量数据统计处理的主成分分析法，以及定性定量相结合的层次分析法等。

层次分析法（AHP 法）是美国学者萨迪于 20 世纪 70 年代提出的，它是用一定标度把人的主观判断进行量化，将定性问题进行定量分析的一种简单而又实用的多准则评价方法。

层次分析法是通过分析复杂系统所包含的因素及其相互关系，将系统分解为不同的要素，并将这些要素划归不同层次，从而客观上形成多层次的分析结构模型。将每一层次的各要素相对于其上一层次某要素进行两两比较判断，得到其相对重要程度的比较标度，建立判断矩阵。通过计算判断矩阵的最大特征根及其相对应的特征向量，得到各层要素对上层某要素的重要性次序，建立相对权重向量。最后自上而下地用上一层次各要素的组合权重为权数，对本层各要素的相对权重进行加权求和，得出各层次要素关于系统总目标的组合权重。

层次分析法一般可分为四个步骤：

（1）分析系统中各指标的关系，建立描述系统功能或特征的递阶层次结构。

（2）同层指标（A_i 和 A_j）间对上层某指标重要性进行评价，构造两两比较判断矩阵 A。

（3）解判断矩阵，得出特征根和特征向量，并检验每个矩阵的一致性，若不满足一致性条件，则要修改判断矩阵，直至满足为止。

（4）计算各层指标的相对权重。

2. 递阶层次结构的建立

这一阶段的目的，是设计一套具有层次结构的指标体系。指标体系是否合理，直接关系到层次分析法计算结果的质量，因此，本阶段是层次分析法操作过程中第一个关键环节。

设计的过程，是一个从上层到下层，从抽象到具体的思维过程，其步骤大体包括：

（1）明确评价目标。目标是指按决策者的需要，关于研究对象所处状态的一般陈述。如企业经济效益的评价、评选三好学生，等等。此外，还需要弄清问题的边界和环境。

（2）研究对象属性。属性是关于目标的框架结构，是对研究对象本质特征的概括。

（3）建立指标体系。指标是关于对象属性的测度，是对象属性的具体化。

（4）征询专家意见。以召开专家座谈会等形式，充分听取专家意见。

3. 判断矩阵的构造

从第二层开始，针对上一层某个元素（今后泛称为准则），对下一层与之相关的元素，即层间有连线的元素，进行两两比较，并按其重要程度平定等级。即 a_{ij} 为 i 元素比 j 元素的重要性等级，表 5 - 1 列出了 9 个重要性等级及其赋值。

表 5 - 1　　元素两两对比时的重要性等级及其赋值

序号	重要性等级	a_{ij} 赋值
1	i，j 两元素同样重要	1
2	i 元素比 j 元素稍重要	3
3	i 元素比 j 元素明显重要	5
4	i 元素比 j 元素强烈重要	7
5	i 元素比 j 元素极端重要	9
6	i 元素比 j 元素稍不重要	1/3
7	i 元素比 j 元素明显不重要	1/5
8	i 元素比 j 元素强烈不重要	1/7
9	i 元素比 j 元素极端不重要	1/9

注：$a_{ij} = \{2,4,6,8,1/2,1/4,1/6,1/8\}$ 表示重要性等级，介于 $a_{ij} = \{1,3,5,9,1/3,1/5,1/7,1/9\}$ 相应值之间时的赋值。

按两两比较结果构成的矩阵 $A=[a_{ij}]$，称作判断矩阵。易见 $a_{ij}>0$，$a_{ii}=1$，且 $a_{ij}=\frac{1}{a_{ji}}$，即 A 是正互反矩阵。

4. 计算权重向量

为了从判断矩阵群中提炼出有用的信息，达到对事物的规律性认识，为决策提供科学的依据，就需计算每个判断矩阵的权重向量和全体判断矩阵的合成权重向量。

（1）求单个判断矩阵的权重向量。

记判断矩阵为 $A=[a_{ij}]_{n\times n}$，如对 $\forall i,j,k=1,2,\cdots,n$，成立 $a_{ik}=a_{ij}a_{jk}$，就说 A 是一致性矩阵。显见一致性矩阵 A 中各个元素可以表示成 $a_{ij}=\frac{\omega_i}{\omega_j}$的形式。

定理　一致性矩阵 A 具备下列简单性质：

第一，$\text{rank}A=1$，且存在唯一的非零特征值 $\lambda_{\max}=n$，其规范化特征向量 $w=(\omega_1,\omega_2,\cdots,\omega_n)^T$ 叫做权重向量；

第二，A 可表示成 $A=\left[\frac{\omega_i}{\omega_j}\right]_{n\times n}$；

第三，A 的列向量之和经规范化后的向量，就是权重向量；

第四，A 的任一列向量经规范化后的向量，就是权重向量；

第五，对 A 的全部列向量求每一分量的几何平均，再规范化后的向量，就是权重向量。

通常，判断矩阵 A 并不满足一致性条件，但参照一致性矩阵的性质，可以提出以下求权重向量的两种简易算法。

第一，和法：参照上述性质“第三”，对判断矩阵 A 每行诸元求和，有：

$$\hat{\omega}_i=\sum_{j=1}^{n}a_{ij}\quad i=1,2,\cdots,n \tag{5-2}$$

再规范化，得权重向量：

$$\omega_i = \frac{\sum_{j=1}^{n} a_{ij}}{\sum_{k=1}^{n}\sum_{j=1}^{n} a_{kj}} \quad i = 1,2,\cdots,n \tag{5-3}$$

第二，根法：参照上述性质（5），对判断矩阵 A 每行诸元求几何平均，有：

$$\bar{\omega}_i = \left(\prod_{j=1}^{n} a_{ij}\right)^{\frac{1}{n}} \quad i = 1,2,\cdots,n \tag{5-4}$$

再规范化，便得权重向量：

$$\omega_i = \frac{\left(\prod_{j=1}^{n} a_{ij}\right)^{\frac{1}{n}}}{\sum_{k=1}^{n}\left(\prod_{j=1}^{n} a_{kj}\right)^{\frac{1}{n}}} \quad i = 1,2,\cdots,n \tag{5-5}$$

（2）求全体判断矩阵的合成权重向量。

所谓合成权重向量，是指最下层（方案层）诸元素对最上层（目标层）的权重向量，它的每一分量表示相应方案在目标中所占的份额或比重。

5. 判断矩阵的一致性检验

先计算矩阵最大特征根 λ_{max}：

$$\lambda_{max} = \sum_{i=1}^{n} \frac{[A\bar{W}_i]_i}{n(\bar{W}_i)_i} \tag{5-6}$$

在得到 λ_{max}后，需进行一致性检验，以保持评价者对多因素判断的思想逻辑的一致性，使各判断之间协调一致，而不会出现内部矛盾的结果，这也是保证评价结论可靠的必要条件，完全一致时，应存在以下传递关系：

$$a_{ik} = a_{ij}a_{jk} \quad (i,j,k = 1,2,\cdots,n)$$

反之，就是不一致。

当判断完全一致时，应该有 $\lambda_{max}=n$，其余特征根均为零。一致性指标 $C.I.$ 为：

$$C.I.=\frac{\lambda_{max}-n}{n-1}$$

当一致时，$C.I.=0$；不一致时，一般 $\lambda_{max}>n$，因此，$C.I.>0$。表 5－2 给出了 Saaty 关于平均随机一致性指标 $C.R.$

表 5－2　平均随机一致性指标 $C.R.$

n	3	4	5	6	7	8	9	10	11
$C.R.$	0.58	0.9	1.12	1.24	1.32	1.41	1.45	1.49	1.51

只要满足 $\frac{C.I.}{C.R.}<0.1$，就可以认为所得比较矩阵的判断结果可以接受。

5.3.2　熵值分析法

1. 熵值法

目前国内外关于多指标综合评价的方法有很多。根据权重确定方法的不同，这些方法大致可分为主观赋权法和客观赋权法两类。熵值法是客观赋权法中的一种。一般认为，熵值法能够深刻地反映出指标信息熵值的效用价值，并给出具体指标的权重值，比得尔菲法和层次分析法具有较高的可信度，因此，对于描述高新技术产业开发区健康状况的具体指标权重及其得分值的计算，本部分尝试采用熵值法来确定，在此基础上，根据本章 5.2 所构建的评价模型，实现对我国高新技术产业开发区系统健康状况的具体评价。

2. 熵与熵值函数

熵（entropy）原是统计物理和热力学中的一个物理概念，在热力学中，熵是指一个热力系统在热功转换过程中热能有效利用的程度。一个热力系统的熵值大，表示系统的能量可利用的程度低；熵值小，表示能量可利用的程度高。在一个孤立热力系统中，系统会自发的不可逆的向熵增方向转化，一个开放的热力系统，只有外部对系统做功（输入能量），其熵才会向熵减方向进行（俗称负熵过程），这又称为熵增原理。

在统计物理中，熵是分子运动无序度的度量，熵值大，表示系统分子运动的无序度高，在孤立系统中，分子运动的无序度会由低状态向高状态自发进行，要想使系统由高无序状态向低无序状态转换，必须有外力作用。从微观角度，系统的熵值可从分子排列方式的统计中得出。

例如：假设系统内有两种物质（二元系统），A 物质有 n_1 个分子，B 物质有 n_2 个分子，该系统的熵值可由波尔兹曼（Boltgman）公式计算：

$$E = K \times \mathrm{Ln}\Omega \tag{5-7}$$

其中，Ω 是系统中两种物质分子的微观排列方式，$\Omega = \frac{(n_1+n_2)!}{n_1! \times n_2!}$。根据斯梯林公式 $\mathrm{Ln}n! = n \times \mathrm{Ln}n - n$，则：

$$\begin{aligned} E &= K \times \mathrm{Ln}\left[\frac{(n_1+n_2)!}{n_1! \times n_2!}\right] \\ &= K(n_1+n_2)\mathrm{Ln}(n_1+n_2) - K(n_1\mathrm{Ln}n_1 + n_2\mathrm{Ln}n_2) \\ &= -K\left[n_1\mathrm{Ln}\frac{n_1}{n_1+n_2} + n_2\mathrm{Ln}\frac{n_2}{n_1+n_2}\right] \end{aligned}$$

E 是系统（n_1+n_2）个分子的总熵值，除以分子总数，使得到系统的单位熵值：

$$e = \frac{E}{n_1 + n_2} = -K\left[\frac{n_1}{n_1 + n_2}\mathrm{Ln}\frac{n_1}{n_1 + n_2} + \frac{n_2}{n_1 + n_2}\mathrm{Ln}\frac{n_2}{n_1 + n_2}\right]$$

令 $y_1 = \frac{n_1}{n_1 + n_2}$，$y_2 = \frac{n_2}{n_1 + n_2}$分别为系统中 A 物质和 B 物质的占有率，则系统的单位熵值为：

$$e = -K(y_1 \mathrm{Ln} y_1 + y_2 \mathrm{Ln} y_2) \tag{5-8}$$

扩展到多元（m 元）系统，则其单位熵值函数为：

$$e = -K\sum_{i=1}^{m} y_i \mathrm{Ln} y_i \tag{5-9}$$

3. 信息系统的熵值函数

在综合评价中，应用信息熵评价来获取系统信息的有序程度和信息的效用值是很自然的，统计物理中的熵值函数形式对于信息系统是一致的。一般认为，熵值法能够深刻地反映出指标信息熵值的效用价值，其给出的指标权重值比得尔菲法和层次分析法有较高的可信度，但它缺乏各指标之间的横向比较，又需要完整的样本数据，在应用上受到限制。但对于高新技术产业开发区健康评价问题来说，已有的资料多是采用层次分析法和模糊数学综合评价法来进行评价，主观性太强，而又根据统计资料可以满足熵评价样本数据的要求，因此本章就尝试采用熵值法进行高新技术产业开发区健康性进行综合评价。

在信息系统中的信息熵是信息无序度的度量，信息熵越大，信息的无序度越高，其信息的效用值越小；反之，信息的熵越小，信息的无序度越低，其信息的效用值越大。

4. 综合评价中熵值法的计算方法

假定需要评价的对象具有 n 个评价指标，有 m 个评价样本，则按照定性与定量相结合的原则取得多对象关于多指标的评价矩阵 R：

$$R=\begin{bmatrix} x_{11} & x_{12} & \cdots & x_{1n} \\ x_{21} & x_{22} & \cdots & x_{2n} \\ \cdots & \cdots & \cdots & \cdots \\ x_{m1} & x_{m2} & \cdots & x_{mn} \end{bmatrix}$$

其中，x_{ij}表示第 i 年第 j 项指标的数值。

（1）数据标准化处理。

假定评价指标 j 的理想值为 x_j^*，其大小因评价指标性质不同而异。对于正向指标，x_j^* 越大越好，记为 $x_{j_{\max}}^*$；对于负向指标，x_j^* 越小越好，记为 $x_{j_{\min}}^*$。因此，我们可以根据评价指标的性质，从初始数据矩阵 X 中找到评价指标的极值作为理想值，还可以根据横向对比，从其他渠道获得评价指标的理想值。定义 r_{ij} 为 x_{ij}对于 x_j^* 的接近度。

对于正向指标：

$$r_{ij}=x_{ij}/x_{j_{\max}}^* \tag{5-10}$$

对于负向指标：

$$r_{ij}=x_{j_{\min}}^*/x_{ij} \tag{5-11}$$

定义其标准化值，得：

$$f_{ij}\ \frac{r_{ij}}{\sum_{i=1}^{m} r_{ij}}$$

其中，$0 \leqslant f_{ij} \leqslant 1$，由此得数据的标准化矩阵：$f=\{f_{ij}\}_{m\times n}$

（2）指标信息熵值 e 和信息效用值 d。

第 j 项指标的信息熵值为：

$$e_j=-K\sum_{i=1}^{m} f_{ij}\mathrm{Ln}f_{ij} \tag{5-12}$$

式中，K 为正的常数，与系统的样本数 m 有关。对于一个信息完全无序的系统，有序度为零，其熵值最大，$e=1$，m 个样本处于完全无序分布状态时，$f_{ij}=1/m$，此时，$K=1/\text{Ln}m$。

某项指标的信息效用价值取决于该指标的信心熵 e_j 与 1 之间的差值：

$$d_j = 1 - e_j \tag{5-13}$$

（3）评价指标权重。

在（m，n）型评价模型中，第 j 个指标的熵权 w_j 可以定义为：

$$w_j = \frac{d_j}{\sum_{j=1}^{m} d_j} \tag{5-14}$$

利用熵值法估算各指标的权重，其本质是利用该指标信息的价值系数来计算的，其价值系数越高，对评价的重要性就越大（或称对评价结果的贡献越大）。

（4）样本的评价。

用第 j 项指标权重与标准化矩阵中第 i 个样本第 j 项评价指标的接近度值 r_{ij} 的乘积作为 x_{ij} 的评价值 y_{ij}。即：

$$y_{ij} = w_j \times r_{ij}$$

则第 i 个样本的评价值为：

$$y_i = \sum_{j=1}^{n} y_{ij} \tag{5-15}$$

显然，f_i 越大，样本的效果越好，最终比较所有的 f_i 数值，即可得到评价结论。

5.4 本章小结

本章运用生态学理念，通过具体探讨，提出了我国国家级高新技术产业开发区系统健康评价方法—直线式评价方法，这实际上是一种多指标综合评价方法。

即通过构造高新技术产业开发区系统健康指数：$HI = V \times O \times R$，其中，V、O、R 分别代表高新技术产业开发区系统健康的三个层面，即系统活力、组织结构和抵抗力，并通过选择不同描述系统健康状况的、由各自不同的方面及若干项指标组成的评价体系来综合评价我国高新技术产业开发区系统健康。

对于描述高新技术产业开发区健康状况的具体指标权重及其得分值的计算，本书尝试采用层次分析法和熵值法结合来确定，即主观评价方法和客观评价方法相结合，从而提高了评价研究的科学性。

第6章

我国高新技术产业开发区健康维护

国家高新技术产业开发区作为我国高新技术企业发展集群的主要表现形式，同时也是国家创新体系的主体和区域创新体系的空间载体，在其“二次创业”的发展过程中，应该重新审视自身的功能定位，真正承担起引领国家高新技术发展的重任。因此，要加强对高新技术产业开发区健康的维护研究，并以此通过对高新技术产业开发区组织结构的重组和创新活力及其抵抗力的加强，纠正国家高新技术产业开发区基本功能的偏离现状，提高其技术、组织、管理、制度创新的整合水平，使高新技术产业开发区健康发展。

6.1 高新技术产业开发区系统种群关系的生态学特征

参照相关学者、专家的研究，将高新技术产业开发区系统结构与自然生态系统结构进行对比，可以发现，两者具有相似性。这种相似性可以从表6－1 直观体现出来。

表 6－1　　高新技术产业开发区系统结构和自然生态系统结构的对比

生态系统结构	自然生态系统	高新技术产业开发区系统
营养结构	营养关系：指各种生物间的取食关系，它决定了物质和能量的流动方向	物流、能流和信息流关系
形态结构	生物种类	创新单元类型
	种群数量	创新种群数量
	种的空间配置	创新单元的空间配置

从生态系统生态学的相关研究中可以得出，任何一个生物群落都具有一定的结构、一定的种类组成和一定的种间相互关系，而且它们彼此之间的这种相互作用，不仅有利于它们各自的生存和繁殖，而且也有利于保持整个生物群落的稳定。

高新技术产业开发区系统的形态结构实质上就是“种群结构”。创新种群与自然界生物种群一样不是孤立存在的，在一定环境下，各种群之间存在各式各样的相关关系，这种关系也可以称为高新技术产业开发区“创新种群”的种间关系。其具体关系表现如下。

6.1.1　有利关系

具体体现在：

（1）共栖。在生物种群间指两个物体之间均因对方的存在而受益；在高新技术产业开发区系统中，众多相互关联的创新组织聚集在一起，实现资源共享，优势互补，形成了高新技术创新网络，从而克服了单个创新组织资金、信息、人才等创新资源不足的缺陷。它们可以利用共同的信息资源，拥有共同的专业人才市场，共同吸引风险投资，并且相互利用对方的创新特长，互为创新成果的传播者和使用者。

（2）互利共生。在生物群落中指两种不同物种之间紧密结合，通过功能互补，彼此生利；在高新技术产业开发区中则指各种创新组织通过合作可以使双方共同获利。例如，以高新技术产业开发区科技孵化器及其高校、科研院所孵化或者衍生出来的企业为主体形式的企业群与它们的母体（依托单位）——科技企业、高校或科研院所就是典型的互利共生关系，科技企业、高校或科研院所为企业提供科研成果、创新信息、中试设备以及人才培养，企业则主要进行产品开发、工艺开发和市场开发，这样，高新技术产业开发区内的企业与它们的母体（依托单位）就是一种互利共生、优势互补、互相促进的关系。

（3）偏利共生。在生物群落中，指两个物种之间，其中一种因与另外一种物种联合生活而得益，而另一物种并未因联合生活而受害；在高新技术产业开发区系统中则指各种创新组织通过合作可以使一方在不损害另一方利益的前提下获利。从实质上看，这本就是经济学中的帕累托改进，实现了系统整体福利的增加。当然，在实际经济过程中，要使得这种合作顺利进行并具有可持续性，受益方必须给予非受益方一定的补贴，因此也是一种互利共生关系。

6.1.2 有害关系

具体体现在：

（1）高新技术产业开发区系统内企业种群间的抗生关系。

在生物群落中指两种生物生活在一起，一种所产生的物质对另一种有害；在高新技术产业开发区系统中则指一个创新组织所产生的物质（如废气、噪音等）对另一个创新组织产生的负外部性。

（2）高新技术产业开发区系统内企业种群间的寄生关系。

在生物群落中指当两重生物在一起时，一个物种寄生于另一物种的体表或体内，并依靠它来生活，消耗其营养物质；在高新技术产业开发区系统中则是指各创新组织间若只有合作机制而没有竞争机制，那么就会产生“寄生”。例如，由于其广阔的市场前景和超大规模的购买能力（宿主种群），使得另一企业群（类似于生态系统中的寄生种群）只要依附于其需求就能足够支撑本群的生存和发展。这实际上就是经济系统中的“搭便车”行为，这种“寄生”关系的存在最终会破坏整个高新技术产业开发区系统的健康。

当然，对于高新技术产业开发区系统发展较为有利的，应该是一种互利寄生关系。如随着国际分工的加剧，高新技术领域内越来越多的大公司（特别指具有优势的高新技术企业，类似于生态系统中的优势种群），在物料保障上采用从其他公司采购的方式，如 IBM 每年 70% 的物料需要从其他公司采购。这类公司强大的发展前景和这种超大规模的购买能力，使得那些给它们供应物料的公司只要保证其产品的高品质（包括技术上的先进性以便可以满足公司产品的技术要求）和价格的合理性以及与行业内该类企业融洽的合作关系，就足以支撑这些公司的生存和发展，不需要再去耗费很大的精力和财力去开拓新的客户。它们在该类高新技术产业开发区系统的发展中扮演的是这些优势企业的供应商角色，这种合作关系就是一种互利寄生关系。

（3）高新技术产业开发区系统内企业种群间的捕食关系。

在生物群落中指一种生物捕获另一种生物，并予以加害或吞食；在高新技术产业开发区系统中当然没有以实体形式进行相互捕食的关系，然而对系统中流动的物质和能量，以及各自的市场和人才，不同的创新组织是存在捕食关系的。另外，可能还存在企业的吞并等捕食关系。

（4）高新技术产业开发区系统内企业种群间的竞争关系。

在生物群落中指生活在某一区域的同种或异种动物、植物，时常为了争取有限的食物、光照、空间、配偶或其他需要而发生竞争；在高新技术产业开发区系统中则指各创新组织为了争夺有限的创新资源、市场、人才等而发生竞争的现象。高新技术产业开发区系统内适度的竞争可以加速创新、增加系统的灵活性，并能保证各自发展所需资源的稳定的市场供应，但在相对竞争的同时，更要保持一种灵活有效的激励协调机制，否则会产生竞争的负外部性，如高新技术产业开发区企业系统中的恶性价格战就是典型的竞争。

（5）高新技术产业开发区系统内企业种群间的竞争与共生关系。

一般地，对于我国53个国家级高新技术产业开发区而言，高新技术产业开发区内都存在相互关联的多个企业种群，它们构成了高新技术产业开发区系统（群落），每一个系统（群落）内都存在核心物种或优势物种，它们实际上就是各个高新技术产业开发区的优势产业，各个高新技术产业开发区都是围绕各自的优势产业而形成的一个由不同规模和层次的企业所组成的产业系统网络系统。其中，不同的种群之间就会像生物种群一样，存在着竞争和共生关系。生态学中用生态位描述一个种群和其他种群不存在竞争的特定空间资源，也就是一组适合于种群生存的环境条件的集合，用生态位重叠来表示两个种群的资源重叠，也就是种群为同一资源展开竞争。若种群间的互动对两个种群的影响都位正，则它们为互利关系；若为一正一负，则它们是掠食关系；若都为负，则它们是竞争关系。

首先，不同种群的生存和发展对资源的需要可能完全相同或部分相同，因此，不同种群间便会出现不同程度的争夺资源的竞争，这些资源包括市场资源、客户资源、资金资源、人才资源、政策资源、服务资源等。两个种群相互竞争的结果，必然会出现一个种群的负载容量会因为另一个种群的存在而减少，种群间种群企业数目的增加与减少，与种群间的这种竞争关系具有密切的关联性。其次，种群间还存在着共生关系。共生性强的高新技术产业开发区企业之间（产业集群中），其内部有着合理的分工，为着共同的利益而紧密合作，从而构成一个有机生命体，大大提高了高新技术产业开发区企业的生产效率。例如，高新技术产业开发区系统内企业多样性和企业群落的多样性就是高新技术产业开发区内高科技企业共生、共存的表现形式之一。此外，某一强势企业（具有优势的企业）种群由于其广阔的市场前景和超大规模的购买能力（宿主种群），使得另一企业种群（寄生种群）只要依附于其需求就能足够支撑本种群的生存和发展，它们之间还存在着寄生关系。竞争的互动关系阻碍了高新技术产业开发区系统内的企业集聚，而合作的互动关系又有利于拉动企业集聚，在同一高新技术产业开发区内的企业种群，它们之间既彼此竞争又相互合作，合作与竞争相互转化，一般意义上，它们之间的合作要多于竞争，即外部经济效应大于其竞争的负效应。值得注意的是，有些高新技术产业开发区内存在某一类企业种群，会疯狂掠夺其他种群的生存资源，即采用的是价值主宰战略，例如，在企业种群大量出现的地区如广东省、浙江省、福建省等，当地的非法制假企业种群也往往比较多，它们就像侵入人体的“细菌”一样，产生了负的外部经济性，是“不经济的”，对我国高新技术产业开发区系统及其经济社会的发展造成了很大不利影响。

6.2 中国高新技术产业开发区健康维护研究

健康的高新技术产业开发区是我国高新技术产业化发展的希

望，如何保证高新技术产业开发区具有较高的创新活力、高效的组织结构和较强的抵抗内外胁迫的能力，是我国高新技术产业发展的关键，因此，对于高新技术产业开发区的健康维护就显得更为必要。针对目前我国高新技术产业开发区发展过程中的不健康现状，本部分提出了基于调整我国高新技术产业开发区基本功能偏离的维护研究和基于提高我国高新技术产业开发区组织结构效率与抵抗内外胁迫能力的生态重组的健康维护研究。

6.2.1 我国高新技术产业开发区系统功能偏离的调整与维护

国家高新技术产业开发区基本功能在现实中的偏离虽然具有各种原因，但总体来说属于战术性的对现实发展的“迁就”，在战略层面则属于“不合理”的偏离。因此，我国国家高新技术产业开发区必须实现其基本功能的回归与提升。必须以建设区域自主创新体系的核心区为“二次创业”的总体目标，以培育、孵化具有竞争力的高新技术产业诞生、发展和集聚的空间为有效载体，以制度环境建设的创新为动力手段，提高高新技术产业开发区高新技术的创新活力。唯有此，才能不断实现国家发展高新技术产业开发区的目的，才能与经济技术开发区、出口加工区实现功能错位的发展，推动地区和国家经济的快速发展，增强我国的核心竞争能力。

在我国高新技术产业开发区系统基本功能维护中主要采取以下对策：

1. 引入竞争机制，完善功能定位

高新技术产业开发区的定位是否正确，对它的开发方向和进程有决定性的影响。因此，准确的功能定位是国家高新技术产业开发区发展的前提条件。国家高新技术产业开发区的建设初衷是以发展我国自主知识产权的高新技术产业为主，但这个定位到现在出现了偏离。因此，只有认真考虑我国实际，充分发挥我国科技优势，国家高新技术产业开发区的建设才能取得预期的目标。

在生物进化过程中，某一层次的物种多样性的减少，可能会创造一个更稳定的基础，使得其他层次具有更多、更富有意义的多样性。例如，DNA 简单字母表的标准化，加上几种基本的新陈代谢机制和有机体的几种基本模式，就构成了地球上形形色色、数目庞大的各种生命体的基础。因此，尽管健康的高新技术产业开发区系统应当不断开拓和创造更多的产品市场，但也并不表明旧的产品市场一定要存活下来。事实上，在有限的高新技术发展环境容量基础上，由于高新技术特有的生命周期和消费者动态的消费习性，使得高新技术产品的更新非常快，系统中某一些高新技术领域多样性的减少，在一定程度上反而能够为其他领域的发展创造空间，而这一领域的产品可能就代表了新的消费趋势和消费需求，从而增加了我国高高新技术产业开发区系统更有意义的多样性，开拓了我国高新技术发展的新领域。

国家级高新技术产业开发区总量不增加，使得那些发展较好的省级高新技术产业开发区不能进入，发展落后的国家级高新技术产业开发区不能被降级或被退出的现状不利于国家级高新技术产业开发区的长远发展。为此，应该引入竞争机制，打破垄断，重新进行审定，对 53 个国家级高新技术产业开发区实行末位淘汰制和首位递增制，实施动态管理，对具有较好健康状态的高新技术产业开发区给予重点支持，对不符合高新技术产业开发区发展要求的应降级或转为经济技术开发区等其他类别的开发区，由其他发展状况比较好的省级高新技术产业开发区递补，从而形成良性循环，推动国家高新技术产业开发区整体健康水平的提升。在有限的高新技术发展环境下，本着高新技术产业开发区基本功能，发展具有我国自主知识产权的产品，增强我国高新技术的创新活力，提高产品品质及其在国际市场的竞争力。

2. 营造有利于创新发展的环境，构建有机的自主创新网络

美国加州大学伯克利分校的萨克森宁教授在他的《地区优势：硅谷和128号公路地区的文化与竞争》一书中，通过对环绕大波士顿的128号公路地区和以斯坦福大学为中心的硅谷这两个美国最著名的科技园区的比较研究后发现，尽管它们开发的技术是相近的，而且在同一市场，但结果却是前者遇到了挫折，后者蒸蒸日上。他认为发生这种差异的根本原因在于，硅谷具有很好的制度安排、社会环境和文化氛围，有利于高新技术企业的发展。

政府对高新技术产业开发区的发展的引导作用至关重要，其扮演的角色有二：（1）为产、学、研各主体搭建平台，包括从基础设施建设到风险投资环境、法律环境的完善，以及对区域教育和培训的长期投资等多方面为创新发展铺平道路；（2）为产、学、研各主体起到“牵线搭桥”的作用，促进其交互和协作，从硬环境到软环境致力于创新网络的建设。

从高新技术产业开发区对企业的吸引力因素来看，政府对区域的优惠政策及其他硬件设施在鼓励区域集聚初期具有重要的意义。然而随着区域的发展，区域网络发展带给企业的众多利益应当成为对企业最大的引力。因此，除了完善物理基础设施并在法律环境、金融环境等方面给予制度保障和政策支持外，政府还应立足长远，有效调控高新技术产业开发区内企业的布局，重点扶植龙头企业，形成大中小企业的紧密协作；引导中介机构或帮助建立交流平台来促进区内企业间的交流以及产学研的互动，使得规划的高新技术产业开发区呈现区域网络（包括经济网络和社会网络）的创新形态，通过区域的集聚效应最大限度地促进创新能力地提升，同时增强区域的文化凝聚力，提高企业对区域的归属感，使得创新网络在良性循环中不断发展。

吴敬琏认为，一个国家、一个地区高新技术产业发展的最主要的因素，不是物质资本的数量和质量，而是决定于有没有建立起一套有利于高技术及相关产业发展的经济和社会制度。“有了好的体制，有了好多好的创业氛围，有了旺盛的市场需求，硅谷就会自己冒出来”。这是旅美经济学家钱颖一教授对硅谷生动而又精彩的描述。为完善区域技术创新制度，目前，地方政府和高新技术产业开发区管委会一是要抓好根本性的市场制度与企业制度的建设，实现企业、大学和科研机构等在区域技术创新系统中的角色转换，加强企业、大学、科研机构等组织之间的联系，提高区域技术创新系统的整体绩效。二是进一步完善促进区域技术创新的重要性制度。主要是知识产权保护制度，财政资助与税收优惠制度，在税收制度上除了加大对企业技术创新活动的支持外，还应制定高新技术产业开发区孵化毕业企业迁出区外发展后，其税收部分返还高新技术产业开发区的“反哺机制”，以免区外过分强挖高新技术产业开发区企业，使高新技术产业开发区难以形成强大的经济实力继续对区内企业发展予以政策扶持。三是推动有利于创新的思想文化制度建设。国家高新技术产业开发区的创新网络即高新技术产业开发区各个行为主体（企业、大学、研究机构、地方政府等组织及其个人）在交互作用与协同创新过程中，彼此建立起各种相对稳定的、能够促进创新的、正式或非正式的关系总和。这种创新网络一旦形成，将具有强大的自我发展和集聚能力，并形成高新技术产业开发区内生发展的强大动力。在这种创新网络中，会形成著名经济学家阿尔弗雷德·马歇尔（AlfredMarshall）所说的“行业的秘诀不再是秘诀，他们飘荡在空中”的现象，从而使得很多知识和创意得到共享，取得“1+1>2”的协同效果。

3. 提高利用外资的质量和水平，增强创新活力

跨国公司的全球经营战略重点正在逐步从经济资源的全球配置转向技术资源的全球配置，一个以技术资源配置为中心的国际投资时代即将来临。国家高新技术产业开发区应把握这一重大发展机遇，鼓励跨国公司和外商投资企业将研发中心和研发重点向国家高新技术产业开发区转移，将国家高新技术产业开发区建成新的国际技术转移的载体中心。吸引硅谷等世界著名科技园区的华人精英回国，构建国家高新技术产业开发区与硅谷及其他科技园区在信息与市场上的持久纽带。引进并不是永远跟进，作为后发国家，都搞原创是不可能的，但后发地区要利用后发优势，在此基础上增加创新，通过吸引外资和自主创新的有机集合，逐步增加原创性。

4. 树立社区规划理念，构筑创新的支撑环境

国家高新技术产业开发区创新环境是指发展高新技术产业所必需的自然环境、设施环境、景观环境和社会文化环境（创新网络）等。创新环境的优劣决定了国家高新技术产业开发区的发展速度与前景。在创新环境的四个影响因素中，前三者属于物质环境范畴，其环境建设的弹性不大，因而社会文化环境成为决定创新环境优劣的最主要的因素。长期以来，我国国家高新技术产业开发区创新环境建设片面注重物质环境建设，忽视了对社会文化环境建设。其规划也只是将传统城市规划理论机械地用于园区规划，使园区不能成为各行业主体共同的生活、生产场所，缺少强烈的归属感，因而不能产生只有在不同背景人群的协同作用下才能产生的思想碰撞、创新火花和真正的生活。社区规划主旨在于通过对物的安排来为人们创造舒适、安全、方便的活动与交流条件，最终形成一个生产与生活相协调、充满人情味的开放、民主的新型社区，使园区成为创业创新的“栖息地”，而非简单的

“策源地”。因此社区规划理念对于国家高新技术产业开发区创新环境的构筑有着显著的借鉴意义。对此，成都国家高新技术产业开发区西区西南片区发展策划国际咨询正是“以社区规划理念构筑科技创新环境”模式在我国园区规划的一次尝试。该咨询借鉴社区规划理念的精华，以社区理念构筑科技创新环境，取得了较好的效果，值得其他国家高新技术产业开发区规划借鉴。

5. 整合创新资源，优化发展模式

重新评审高新技术产业开发区的战略布局，在政策上采取产业倾斜和区域倾斜结合的手段，实现产业政策区域化和区域政策的产业化，引导国家级高新技术产业开发区的产业布局向合理、协调、互补的方向发展。根据国家级高新技术产业开发区的区位优势和发展现状，选择创新基地型、高技术产业基地型和区域经济辐射型三种不同的发展模式，促进不同的国家级高新技术产业开发区共同发展。

6. 构建产业集群优势，培育主导产业

国家级高新技术产业开发区建立初期，依靠提供土地和优惠政策吸引企业入驻所形成的企业的空间聚集，不具有稳定性和根植性，因而产业集聚是国家级高新技术产业开发区“二次创业”的必然选择。针对目前国家级高新技术产业开发区主导产业不明确的问题，政府应该将优惠政策由原来的向区域倾斜转变为向技术倾斜或者向产业倾斜，加快选择、培育重点产业的步伐。一方面，有目标地吸引那些具备产业带动优势和有产业关联效应或配套协作功能的项目入区，以产业集群为导向，鼓励企业做精做强而非做大做全，从功能与成本的比较中选择最具比较优势或有可能建立起竞争优势的环节，把不具有优势或非核心的一些环节分离出去，建立大中小企业密切配合、专业分工与协作完善的相互依存的产业网络体系。每一个产业集群围绕一两个主导产业进行重点建设配套开发，形成各具特色的高科技企业。另一方面，针对国家级高新技术产业开发区内企业协同弱的现状，以大中型高新技术企业或企业集团为龙头，通过分解产业环节或将母公司科技人员分离出来并鼓励他们自办分工与协作关系密切的关联企业，促进产业内部分工和建立相互依存的产业联系。利用国家级高新技术产业开发区产业集群的专业分工互补机制、交易费用机制和知识外部性机制，提升国家级高新技术产业开发区以及国家级高新技术产业开发区内集群产业的竞争力，并利用特色支柱产业的辐射功能来改造传统产业。

6.2.2 高新技术产业开发区系统组织结构的生态重组

在高新技术产业开发区系统中强调以高新技术的创新活动和工业活动为主的创新系统的重组，对于系统组织多样性的动态调整具有重要意义，通过系统组织结构的生态重组，可以由此丰富和深化高新技术产业开发区多样性内容，提高高新技术产业开发区的技术利用效果，增加高新技术产业开发区组织结构效率和抵抗内外胁迫的能力，这正是高新技术产业开发区健康发展的关键，也是高新技术产业开发区未来的发展趋势。

1. 高新技术产业开发区系统结构生态重组的基本含义

费伊·达钦（Faye Duchin）认为，生态重组是一种通过按照尽可能对地球的生物—地球化学系统干扰最少的方式进行人类技术的设计和实施，从而推动人类社会的发展目标得以实现。从更广泛的角度讲，生态重组本质上是按照自然生态学原理和自然生态系统运行方式来调整人类的活动。在高新技术产业开发区系统中强调的是以高新技术的创新活动和工业活动为主的创新系统的重组，以此提高高新技术产业开发区组织结构效率和系统抵抗内外胁迫的能力。

2. 高新技术产业开发区技术创新系统结构生态重组的原则

（1）系统整体性与成员个体统一性原则。

在追求高新技术产业开发区整体的经济和环境效益的同时，还要追求成员自身的经济效益和环境业绩，因此，这就需要保证系统的整体性和成员的个体性统一；从操作、运行和管理上，要使得物质、能量和信息流动在整个系统内形成快捷、流畅的网络，而成员个体间以市场原则进行联系以体现个性。这样不仅能够形成“竞争”，还可以避免种群间“寄生”关系的存在。

（2）空间组织和联系的高效性原则。

在追求经济成本和环境成本优势的市场里，仅仅是地域上的邻近已经不足以确保现代企业的竞争力，还必须设计出高效的工作系统，使得在该系统内有着很好的友邻关系，这主要是指高新技术产业开发区系统内企业、政府、高校、科研院所和社区间有着紧密、高效的合作和交流关系。因此，在高新技术产业开发区系统组织的设计上必须考虑这种合作和交流的流畅，保证物质、能量、信息的良好通达性，如高新技术产业开发区所在地理位置的选择。波特（Dr. Porter）指出，虽然从理论上说，由于开放的全球市场、便捷的交通和高速的通讯，使得每个企业可以随时利用各地的资源，从而使区位优势在竞争中显得不再重要，但实际上区位仍然是竞争力的核心因素。当今世界经济地图从一个侧面也展现了区位在竞争力形成中的核心作用。因为相关产业和机构在空间的合理邻近在三个方面直接影响着系统的竞争力：一是提高系统内企业的生产率；二是引导系统的创新方向，加快创新步伐；三是刺激系统内新企业的衍生。由于大量相关产业和机构—从供应商到大学和政府机构等集中于一个地方，这种空间组织形式使得这些产业或机构具有了联系的高效性和高效的工作系统，从而能够在某一特殊领域获得竞争优势和成功，著名的例子有硅谷和好莱坞。

（3）经济、社会、环境和谐的多功能性原则。

经济、社会、环境的和谐是可持续发展的基础，因此，高新技术产业开发区技术创新系统的发展必须兼备经济、社会、环境和谐的多功能和多重效益，才能实现工业生态学的主旨。

（4）“生态链”原则。

高新技术产业开发区系统“生态链”的构建和完善可以增加高新技术产业开发区系统经济结构的稳定性，提高系统内企业之间的互利合作，促进产业结构优化升级并增强高新技术产业开发区系统的可持续发展能力。

高新技术产业开发区技术创新系统的创新单元之间和创新种群之间，在物质和能量的使用上必须形成类似自然生态系统的食物链。只有这样，才能形成物质、能量、信息的封闭循环。国外成功的高新技术产业开发区即科技园区都是以某种核心技术为主，并带动上下游技术，即产业价值链条中的技术，及相关技术综合发展而形成“产业生态链”。从经济学的角度来理解这种“产业生态链”，就是指为了获取新的和互补性技术，从互补资产和经济利用的结合获得收益，降低交易成本，那些关联性很强的企业（包括专业供应商）、知识生产机构（大学研究机构工程公司）、中介机构和顾客通过一个附加值生产链相互联系而形成的网络。

（5）多样性原则。

即高新技术产业开发区系统成员组成和相互间的联系要多样化，而且要有创新性，不能一成不变，这样才能保证高新技术产业开发区系统的平衡和稳定发展。因为在一个以资产共享关系形成的复杂网络中，高科技企业不管是处于中心位置还是边缘位置，在经营环境较为动荡的时代，都应该努力管理各自所依赖的资产，包括与业务伙伴分享这些资产所创造的财富，那么，这些高科技企业就可以利用整个高新技术产业开发区系统创造的能力，因为这个系统具有多样性，能够对环境中的破坏因素做出创新性的反应，这就增加了这些个体对于风险或胁迫的抵抗能力，反过来又为维持整个高新技术产业开发区系统的生命过程创造了条件。

3. 高新技术产业开发区系统模式的构建与生态重组的实现

（1）高新技术产业开发区系统“营养结构”的生态重组。

目前大部分高新技术产业开发区系统创新物料的流动还都处于图 6－1 的模式，该模式类似于自然生态系统的“二级生态系统中准循环的物料流动”，如图 6－2 所示。

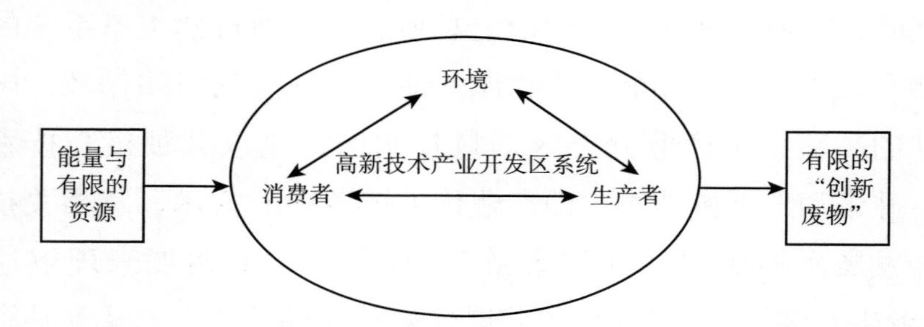

图 6－1　目前高新技术产业开发区系统的创新物料流动模式

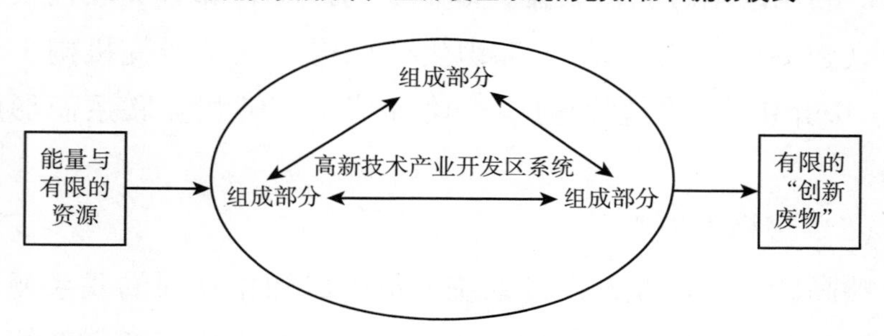

图 6－2　二级系统中准循环的创新物料流动

模型中的生产者对应于企业、高校、科研院所等；消费者对应于孵化器（初级消费者）和高新技术企业群（次级消费者）；

环境对应于技术创新复合环境（由高新技术产业开发区技术创新物质条件、人文环境、自然环境综合组成）。

二级系统模式从长远来看不具有可持续发展性，因为创新物质与能量流动的方向是单一的，其未来结果必然是高新技术产业开发区多样性的降低，即创新资源、创新主体、创新产品的不断减少和“创新废物”的不断增加。这种模式没有实现创新物质与能量的循环使用，不可能达到较高的技术利用效果，系统抵抗力内外胁迫的能力低下，因此，在这种系统内部，创新资源和“创新废物”的进出量则会受到系统创新资源数量与环境容量的共同制约。鉴于此，本部分建立了一种新的理想化的高新技术产业开发区系统模式，如图 6－3 所示。

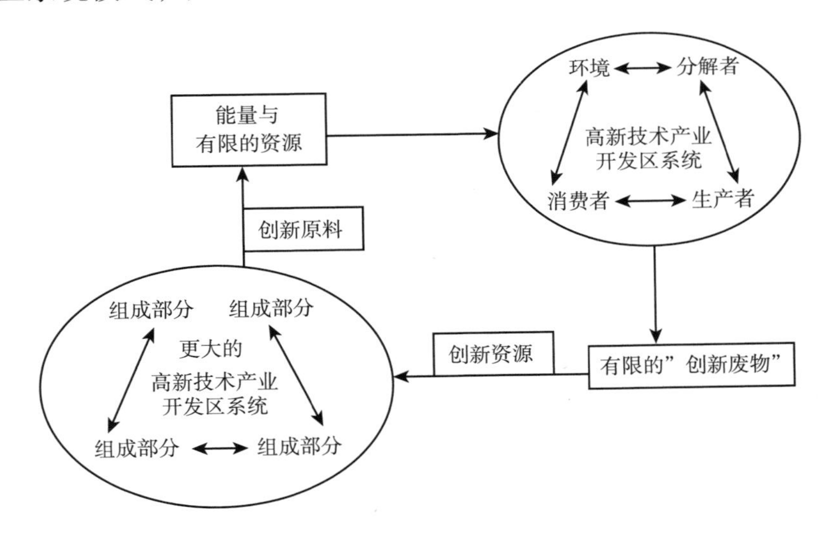

图 6－3　理想化高新技术产业开发区系统模式

该模式与图 6－1 模式的不同之处在于系统中加入了“分解者”（即具有对“创新废物”和高新技术副产品等能够进行处置、转化、再利用等技术的高新技术企业，类似于一般的废品回收公司、资源再生公司等），这样一来“创新废物”会明显减少，对于系统内成员“分解”使用不了的“技术创新废物”，如果能够被一个更大系统的其他成员即边缘企业利用作为技术资源，并开发生产出再次创新的原料，从而达到了实现并维持创新系统与环境相容性的目的，同时增加了整个高新技术产业开发区系统的多样性。在将高新技术产业开发区创新种群间的“抗生”关系为“互利共生”关系的过程中，关键在于能够找到或研究开发出新的“创新废物”利用技术或是改变技术工艺使“创新废物”对系统内外的其他企业成员有价值。

例如，处于某一高新技术链下游或者外延（边延）的企业（可以称之为边缘企业），由于技术链前端企业无力或无暇顾及其技术末端的高新技术的开发与生产应用，则这些外延企业或边缘企业可以在其技术的启发下，进行这种末端技术的延伸和产品开发，这样一来，既充分利用了创新技术及其资源，使得高新技术的创新循环尽力实现了闭合循环，或接近闭合封闭循环，达到一种理想的高新技术产业开发区技术创新模式。从而使整个高新技术产业开发区创新物料的循环流动达到封闭循环，增加系统创新的多样性和创新组织的多样性。

显然，解决问题的最终途径是有效的技术创新，即多样化的、对于高新技术产业开发区系统“创新废物”能够充分利用的新技术的不断实现和利用主体的不断产生与健康成长。

同时，成员间的物料流通应该按照市场原则进行联系，以体现系统整体性与成员个体性相统一的原则。由此可见，该理想化的模式与完美的“三级系统中循环性物料流动”模式（如图6－4）达到了同样的效果，即物质来源于系统本身，又消化于系统本身，被充分利用而没有“创新废物”产生，这种多样化的、有效的创新联系和创新过程，最终丰富了高新技术产业开发区系统的多样性，有助于增强系统对于环境胁迫的抵抗力，有助于真正实现可持续发展的高新技术产业开发区系统。这不仅满足了空间组织和联系的高效性原则，实现了物质、能量、信息良好的流动性，而且满足了经济、社会、环境和谐的多功能性原则，从而实现了高新技术产业开发区经济效益、社会效益和生态效益的整体效应与健康发展。

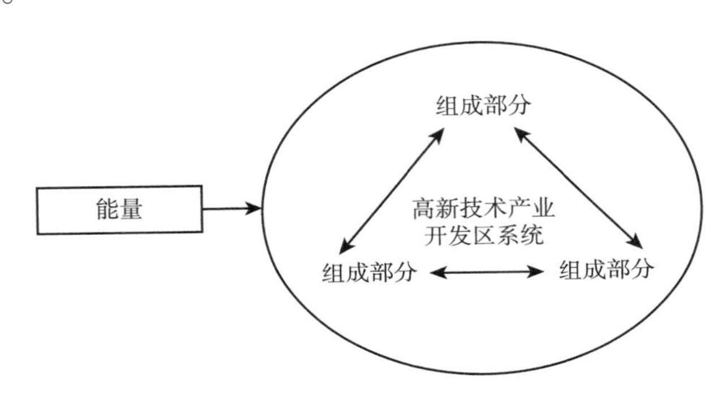

图 6－4　三级系统中循环性创新物料的流动

（2）高新技术产业开发区系统“形态结构”即“种群结构”的生态重组。

第一，要有合适的创新单元组成。生态系统中的各生物成分间，正是通过食物网发生直接和间接的联系，从而保持着生态系统结构和功能的稳定。但是，任何一个生物群落都不是任意物种的随意组合，生活在同一群落中的各个物种都是通过长期历史发展和自然选择而保存下来的，相互间具有相对稳定、和谐的种间关系。因此，食物网从形象上反映了生态系统内各生物有机体之间的营养位置和相互关系。高新技术产业开发区系统内的创新单元应该由几个既不相同又能够直接互补的大企业组成，而且这些成员之间必须满足一个“生态链”原则，即创新系统的成员之间在物质和能量的使用上必须形成类似自然生态系统的生态链或食物链，这样就有可能在创新资源、创新产品和副产品的流动上形成具有高效率、低耗费的创新工业链，只有这样才能实现高新技术产业开发区创新物质与能量的封闭循环和创新资源浪费的最少化，提高高新技术产业开发区技术利用效果，各创新复合组织是否具备市场供需关系以及供需规模、供需的稳定性均是影响发展的重要因素。因此，创新单元生态重组的关键是企业、行业的匹配，以及由此带来的高新技术产业开发区系统内组织的多样性发展。按照多样性原则，这种系统必须构建在不同成员之间已经具有的密切关系的基础上，这种"亲缘关系"使企业成员之间在各个层次上的日常接触都会比较通畅，因此这种接触和交流就会比较频繁和容易，从而方便了彼此之间在高新技术创新方面的合作与决策。

协同进化是这个时代的特征，任何一个企业要发展，都必须考虑到对其所处的企业网络中其他企业的影响。美国硅谷生物医学产业的发展则体现了协同进化的思想，在这一产业中，新兴创始型企业一般缺乏巨额投资和把新药拿去做临床试验并在市场上销售以及建设分布全球各地的渠道和网络。这种企业发展过程中的良性循环模式，使得创新企业在彼此面对一项创新技术所带来的可能的市场机遇时，通过产业链的（专业分工）资源组合，实现了各自的利润目标，并通过利润分享，彼此为对方创造了又一个生存壮大的机会，在实现自己创新价值的同时，也将更多的创造价值的空间留给了系统中的其他企业。因此，像一个自然生态系统的食物链一样，这种产业发展模式倾向于依靠结成一系列互相依存关系来实现整个产业的拓展，增加了系统内的多样性，实现了产业系统内高效的创新资源利用目标。如图 6－3 或图 6－4 所显示的理想模式。

总之，为了更好地为顾客创造价值，高新技术产业开发区企业必须与系统内与其相关的贡献者，如合作伙伴、同盟者和标准的制定者等一起，通过多样化的联系和共同的创新努力，来实现各自的目标。具体到某一企业来说，要求其在注重自己的核心业务培养的同时，必须有步骤地与系统内其他企业配合，确保这些企业为其做出补充性的贡献。

第二，要有合适的创新种群组成。种群之间应该满足产业链一体化，这点虽然在有些高新技术产业开发区创新系统中做到了，但有些还不到位，因为其下游产业中根本就没有类似“分解者”的企业，也就是说，我国高新技术产业开发区系统的产业链不长，组织的多样化程度较低，这样一来就难以实现高新技术产业开发区系统内物质的封闭循环模式。因此，创新种群的生态重组的关键是“种群”的结构与“生境”的匹配性关系。

第三，创新单元的空间配置要合理。按照空间组织和联系的高效性原则，其最基本的要求是地域上的邻近，即创新单元的集群化。因为集群化是高新技术产业开发区系统企业衍生机制的有效保证，而规划发展高新技术产业开发区，首先使其实现地理上的邻近，从而提高高新技术产业开发区企业的集群化程度，这也是提高中小企业创新能力、增加高新技术产业开发区创新多样性的一个非常有效的解决方案。因此，高新技术产业开发区系统在其软、硬环境的建设中应该注重创新单元之间相互距离的接近性，当然，这可以借助于现代化的交通和通信手段来实现，但是，有一点是不可否认的，那就是地理上的邻近性。研究表明，高新技术企业在地理上的靠近是入园企业形成相互支持的共生状态的前提之一，也是高新技术产业开发区系统持续发展、保持旺盛生命力的源泉。

高新技术产业开发区内中小企业集群的专业化分工与协作的状况，类似于一个生物生态系统，其内企业的集群化水平高，意味着高技术企业的自然繁育的机制已经形成。相比之下，我国大多数高新技术产业开发区内企业之间分工与协作的机会较少，其根本原因在于我国高新技术产业开发区的企业大多数是从外部植入的，而不是内部自行繁育而成的。只有具有内部繁育能力的高技术小企业集群才能有效地形成企业间专业化分工与协作，从而使每一个小企业都处于生长和创新的“最佳生态位”。

高新技术产业开发区系统内的中小企业集群可以促进高新技术产业开发区创新链的形成及其网络化发展，即创新网络的形成，由此带来的同质企业的竞争，在有效的市场机制作用下，显然有利于扩大激活高新技术产业开发区企业的营养空间，虽然，集群可能使竞争加剧，但有利于系统营养空间结构的调整，从而提高中小企业的生存空间，使之能够顺利成长，从而提高我国高新技术企业的存活率，为我国高新技术企业的发展壮大和我国高新技术的产业化发展提供了有利条件。因此，对高新技术产业开发区的中小企业来讲，最有效的孵化器就是它们自身的集合体即企业集群。由于发展规划的特殊性（政府规划建设的，而不是由市场自发形成的）从我国国家级高新技术产业开发区来看，其大多数企业是植入而不是衍生的，因此缺乏根植性，加上政策机制上的不完善，我国国家高新技术产业开发区没有形成大中小企业合理化的配套机制，使许多企业无法找到自己的生态位，园区内企业的衍生效应几乎灭绝，从而使它们的集群化发展受到影响。

总之，每一个成功的高新技术产业开发区都是在各种内外因素的综合作用下，通过高新内企业集群化而逐步自行繁育成长的。从这个意义上讲，无论高新技术产业开发区的规划设计和基础设施是如何现代化，当地政府的支持如何强大，政策如何优惠，如果忽视了高技术产业发展的内在规律，离开了培育高技术中小企业集群这条主渠道，高新技术产业开发区的发展将会误入歧途。而合理的创新单元的空间配置便于高新技术产业开发区创新集群的形成和系统多样性发展以及高新技术企业的衍生发展。

6.2.3　高新技术产业开发区系统健康维护的生态调节

1. 鲁棒调节

鲁棒调节对于系统结果稳定与状态稳定是一种很重要的方法。鲁棒的含义是指强壮性、稳固性。其调节目的是保证系统在各种内外因素的较大的扰动下仍然能够保持系统结构、状态和行为的恒定性，或系统能够迅速恢复正常的能力。实施鲁棒调节应该从系统的影响因素入手。制约系统鲁棒性的因素主要有系统的冗余度、抵抗力和恢复力。

（1）冗余度调节。

在生态系统中，存在冗余种的概念。它是指，在生物种群中，若某些种小消失活去除后不会引起生态系统内其他物种的丢失，同时，对整个生态群落和生态系统的结构和功能不会造成太大的影响，那么这些种就是生态系统地冗余种。冗余种是对生态系统功能的一种保险。

对于高新技术产业开发区而言，冗余调节就是要使相同特性的技术创新主体具有一定的冗余，并且整个高新技术产业开发区的创新资源具有较大的冗余。这种冗余不仅有助于保持高新技术产业开发区系统结构与功能的正常，实现其结构的稳定，即在高新技术产业开发区内淘汰一些创新主体，但整个高新技术产业开发区的结构与功能基本保持不变；还有助于对系统成员造成竞争压力，从而激励高新技术产业开发区的创新动力，实现系统状态的稳定，即使高新技术产业开发区具有较强的创新动力，保持其有序的创新进程。

（2）抵抗力调节。

抵抗力高新技术产业开发区抵抗内外胁迫并维持其结构与功能的能力，是其保持稳定、抵御风险、得以生存的重要能力。抵抗力与高新技术产业开发区的规模大小、发育阶段有密切关系：规模大、结构复杂、发育历史长则承受内外胁迫的能力越强，具有较强的稳定性。

除了一些局部的研究以外，大多数生物学者认为，生态系统的复杂性导致抵抗力较强。如热带雨林结构复杂，进化历史长，环境条件抵抗外部干扰的能力就很强；而极地苔原群落结构简单，进化历史短，抵抗外部干扰的能力很弱。

相对国家创新系统而言，高新技术产业开发区系统的抵抗力一般较弱，技术、市场、环境等的变化，都可能使高新技术产业开发区内的技术创新活动“措手不及”。但高新技术产业开发区系统又很难通过调节规模大小、结构的复杂性和发展历史来增强其稳定性，所以对于高新技术产业开发区系统来说，应该主要通过增加各个高新技术产业开发区区际之间及与其他国家间的信息交流、技术创新合作，从而增加预防和整体抵抗力，以保持高新技术产业开发区系统的稳定性和可持续性。

同时，对于高新技术产业开发区系统来说，不可能指望通过减少系统要素、简化结构来增强系统的抵抗力。因此，对于新兴的高新技术产业开发区，应以倡导冒险精神为主，实施技术推动的技术创新为主，从而培育系统核心技术，以充分利用系统的抵抗力，保持系统创新状态的稳定性。

（3）恢复力调节。

恢复力指系统在内外胁迫作用下被破坏后，系统恢复原有结构和功能的能力。一般来说，生态系统要素越少，结构越简单，系统恢复原有功能和结构的能力就越强。

对于高新技术产业开发区而言，不可能通过较少系统要素、简化系统结构来增强系统的恢复力，但可以通过实施多样化的技术推动战略，倡导冒险精神，增强系统研发的多样性，以转换成本比较大的创新为主（技术创新方向的差别化较大），当遇到较大胁迫后，可以很快启用和实施新的技术创新，使系统具有较强的恢复速度，从而保持了系统创新的稳定性。

2. 多样性调节

多样性指个体间的差别及其扩大化。多样性是复杂系统的一个重要概念，也是研究的重要领域，并日益被人们重视。复杂系统内各要素相互作用和不断适应的过程，是造成要素个体向不同方向发展变化的原因。目前这一概念已经在许多领域得到了广泛的应用。

高新技术产业开发区系统的多样性是指技术创新主体及其活动的多种类；多种产业的技术创新并存；产业内各不同技术创新主体间联结（系）的多类型。

生物多样性对生态系统存在的重要作用对于我们如何通过系统多样性，保持高新技术产业开发区创新系统的稳定性具有重要的启示：

（1）当资源和环境冗余度较大时，高新技术产业开发区多样性调节机制是指强化创新物种多样性，即努力培育系统内多种类的技术创新主体和多产业（种群的）技术创新活动（相当于生态系统中的物种多样性），即追求创新物种的多样性。而不是强调他们之间的联结创新联结的多样性，即创新主体之间的联盟与紧密合作。因为，此时较多的联结可能会造成某一主体或产业领域某一种群的技术创新活动出现问题，结果造成整个系统不能正常运行；而联结较少时，某一主体或某一种群的技术创新活动的失败，并不必然造成其他产业领域技术创新活动的失败，因而对系统技术创新状态的影响较少。

（2）当资源与环境冗余度较小时，高新技术产业开发区多样性调节机制是指强化系统内创新活动联结的多样性，即增强高新技术产业开发区内各类技术创新主体、各产业领域技术创新活动的联盟与紧密合作，以追求创新物种的多样性。即强化系统内已有的多种类技术创新主体和多种群技术创新活动之间的联结，即创新联结的多样性。而不是强调创新物种的多样性，也就是说，不强调技术创新主体的多种类和多产业领域开展更多的技术创新活动，即不急于增加技术创新主体和产业领域技术创新活动的种类，来追求创新物种的多样性。

当然，并不是物种丰富的系统抵抗力就一定比物种贫乏系统的抵抗力高。例如，由于物种丰富度和物种相对多度的不协调性，物种丰富的系统对干扰的抵抗力有时会比物种贫乏的系统低。也就是说，一个技术领域数目相对较低，但其技术企业的多样性较高的高新技术产业开发区系统，可能比一个技术领域数目相对较高，但技术企业的多样性相对贫乏的高新技术产业开发区系统具有较高的抵抗力。企业多样性丰富的高新技术产业开发区系统，其技术领域的企业种类很丰富，已经建立了完善的产业生态链，而且由于其多样性的高新技术创新功能及强大的环境适应性，对外界干扰就具有了更大的适应性和抵抗力。

6.3　本章小结

国家高新技术产业开发区作为我国高新技术企业发展集群的主要表现形式，同时也是国家创新体系的主体和区域创新体系的空间载体，在其“二次创业”的发展过程中，应该重新审视自身的功能定位，真正承担起引领国家高新技术发展的重任。因此，要加强对高新技术产业开发区健康的维护研究，并以此通过对高新技术产业开发区组织结构的重组和创新活力及其抵抗力的加强，纠正国家高新技术产业开发区基本功能的偏离现状，提高其技术、组织、管理、制度创新的整合水平，使高新技术产业开发区健康发展。

第7章

结论与展望

本书以我国高新技术产业开发区的创新活力、组织结构和抵抗力为研究对象，研究和探讨了高新技术产业开发区系统健康理论及其评价方法。由于高新技术产业开发区系统的复杂性和高新技术产业开发区系统健康的不确定性因素，本书对高新技术产业开发区系统健康的评价以定性与定量相结合的方法来进行。在对生态系统健康理论和评价方法基础上，首先提出了高新技术产业开发区系统健康概念及其基本理论，并在原来生态系统健康评价模型的基础上，对模型进行了修正，使其更具有生态学和经济学的意义及可操作性。其次在具体的评价过程中，选择了高新技术产业开发区系统的创新活力、组织结构和抵抗力作为我国国家级高新技术产业开发区系统健康评价指标，在对我国高新技术产业开发区系统健康进行评价时，对指标具体化为我国高新技术产业开发区系统的创新投入、孵化能力、创新效率、辛普森多样性指数以及高新技术产业开发区系统实际技术利用效率等23个指标，在此基础上对我国国家级高新技术产业开发区系统进行健康评价研究，并得出以下结论。

7.1 本书的主要结论

经过25年的发展，我国国家级高新技术产业开发区取得了令人注目的成绩，为我国经济社会的发展做出了可喜的贡献，但对于我国高新技术产业开发区系统发展的健康状况如何，问题的症结何在，尚缺乏明确的认识和针对性措施。为此，本书研究了可操作的高新技术产业开发区系统健康评价理论和评价方法，提出了有效的健康评价指标体系，并以此对我国国家级高新技术产业开发区1991～2005年系统健康状况进行评价，进而提出了针对性的健康维护方案，旨在为我国高新技术产业开发区系统管理和未来发展与规划提供可靠的背景状况和研究依据。

1. 在高新技术产业开发区系统健康基本理论研究方面

根据生态系统健康的相关含义以及高新技术产业开发区系统内在的本质特征，我们认为所谓健康，即系统处于良好的运行状态，具有稳定性和可持续性，在时间上具有维持其组织结构、自我调节和对胁迫的恢复能力，因此，高新技术产业开发区系统健康指系统是稳定和可持续的，它反映了系统内部秩序和组织的整体状态，如系统正常的能流和物流不受损伤，关键系统成分即高新技术的骨干企业、优势企业得以保留，具有可持续的高新技术创新发展能力，对于系统干扰的长期效益具有抵抗力和恢复力，能够维持自身组织结构长期稳定，技术创新和经济发展相互协调，能够为人类高新技术产业的发展和经济社会的发展提供可持续的高新技术支持，并具有弹性，理论上描述的系统功能与实际接近，那么这个系统就是健康的、并且不受来自系统内外胁迫的影响的。高新技术产业开发区系统健康状态应该具有以下基本属性：第一，具有良好的高新技术创新结构；第二，具有良好的创新环境质量；第三，具有良好的系统创新活力；第四，具有较强的持续创新能力；第五，具有动态平衡的能力；第六，科学管理。高新技术产业开发区健康标准主要包括活力、恢复力、组织结构、系统服务功能的维持、对邻近系统的破坏及外部输入等六个方面。

2. 本书对高新技术产业开发区系统健康与可持续性、稳定性、连续性和持久性概念进行了逻辑上的比较与推断，并得出了以下结论

高新技术产业开发区系统健康、可持续性、稳定性、连续性和持久性之间的逻辑关系，仅仅持久性和可持续性之间（5A）、持久性和连续性之间（11A）互为充分必要条件；稳定性（1A，2A）和健康（6A，7A）是必要条件而不是充分条件；而连续性和健康（12A）是充分条件而不是必要条件。这个结论便于理解高新技术产业开发区系统创新的可持续性，当然，如果从另外角度或与实际联系起来考虑的话，这些关系也可能会发生一定的变化，这也需要我们进一步去探索。

3. 高新技术产业开发区系统健康指标体系研究

在相关理论基础上，本研究结合高新技术产业开发区健康性内涵，从反映高新技术产业开发区系统基本功能的以下三个方面着手，提出了高新技术产业开发区系统健康评价的指标体系，这些指标涉及高新技术产业开发区系统的创新活力、组织结构和系统抵抗力三个方面，并系统阐述了高新技术产业开发区系统健康评价指标体系及其含义。

高新技术产业开发区系统活力首先能够反映其高新技术的创新能力和创新主体的发育状况，应该选择那些能够突出高新技术产业开发区创新功能的考核指标，以区别于一般经济区域的评价指标，应该重视其智力和科技要素的投入、产出及其财富的重新分配关系。所以本研究选择了高新技术产业开发区系统的研发投入、孵化能力和创新效率三个二级指标作为衡量高新技术产业开发区系统创新活力的指标。

组织结构是指高新技术产业开发区系统技术行业的组成结构及其各个高新技术企业间的相互关系，反映了高新技术产业开发区系统结构的复杂性，因此，系统的多样性集中体现了高新技术产业开发区系统组织结构特征，是综合反映高新技术产业开发区高新技术行业发展特征的一个重要方面。本书采用高新技术产业开发区系统的产品多样性指数、产品的市场多样性指数、产品外向度多样性指数等指标来综合评价高新技术产业开发区系统组织结构的多样性。

在研究中，采用高新技术产业开发区系统的抵抗力取代系统的恢复力，通过研究对象对胁迫因子的抗性大小即高新技术产业开发区实际的技术利用效率来计算系统的抵抗力，其大小与区域经济发展水平直接相关。并采用熵值分析法，进行具体的测定。

4. 我国高新技术产业开发区功能偏离的原因

为了在未来高新技术产业开发区管理中采取有效的管理对策，本书探讨了我国高新技术产业开发区出现功能偏离的内在原因和机制，为挖掘国家高新技术产业开发区巨大的发展潜力提供依据，从而有针对性地提出促进国家高新技术产业开发区基本功能回归的对策建议，保障我国国家高新技术产业开发区“二次创业”的顺利完成和健康发展。具体包括：

（1）国家高新技术产业开发区特殊的发展阶段。

从国家高新技术产业开发区的发展阶段来看，大多数的国家高新技术产业开发区还处于产业主导阶段，即国家高新技术产业开发区目前只是高技术产品的生产基地，尚未进入创新突破阶段。相关学者认为，在高新技术产业开发区发展的过程中存在着较明显的、其主要特征可定量描述的界面及其内涵依时间序列递进的现象。国家高新技术产业开发区的发展是一个往复性的、螺旋式的发展过程。其发展的第一循环应当经历4个阶段（见图7－1）。其中，财富凝聚阶段有大量创新形成，各种有形无形财富聚集，包括资本财富、人才财富和技术财富等，这一阶段是更高一层次的要素聚集，高新技术产业开发区会由此螺旋式上升、发展，当今世界尚未出现这一阶段的高新技术产业开发区。我国国家级高新技术产业开发区经过16年的发展，就总体而言，大部分高新技术产业开发区已由要素群集阶段切换至产业主导阶段，基本完成了“一次创业”，进入了“二次创业”时期，为第三阶段即“创新突破”阶段的过渡做准备。因此，如何顺利完成我国国家级高新技术产业开发区的“二次创业”，将依赖于我国高新技术产业开发区的健康发展，只有具有可持续的高新技术创新活力和较为完善的创新组织结构以及较强的胁迫抵抗力，我国高新技术

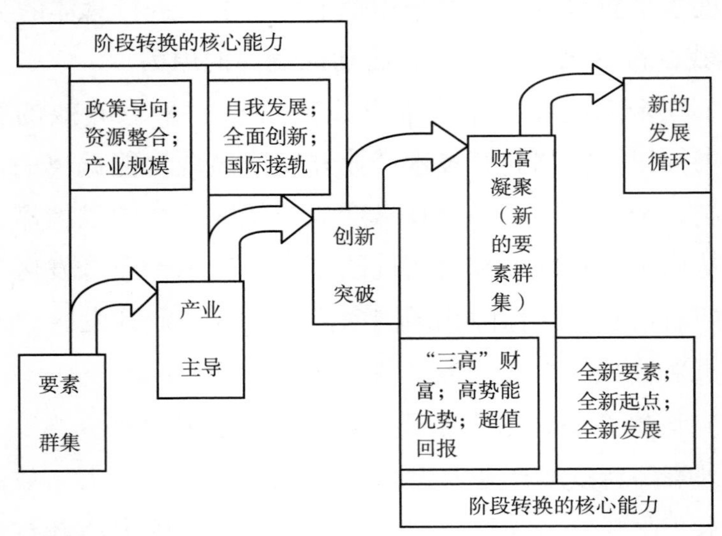

图7－1　国家高新技术产业开发区阶段发展分析模型

资料来源：周元，王维才．我国高新区发展的理论框架［J］．经济地理，2003（4）：451－456.

产业开发区才能顺利完成二次创业，进入“创新突破”阶段，为我国高新技术产业化的发展奠定坚实的经济、技术基础。

（2）外向型经济对国家高新技术产业开发区的冲击。

国家高新技术产业开发区自1991年成立以来，恰好遇上了外资进入我国的高潮，由于政策、环境的优势及政府的引导，国家高新技术产业开发区吸引了大量的外商投资。因此，吸引跨国公司、外资及其企业数量的多少等成为很多高新技术产业开发区显示自己发展成就的首选指标，大多数国家级高新技术产业开发区成为跨国公司的生产线、组装厂和国外“二、三流技术”的扩散基地，由此形成的高度外向依赖性相应地削弱了我国高新技术产业开发区自主创新的发展能力。

（3）国家高新技术产业开发区区位分布与创新源脱离。

从全球来看，高新技术产业开发区主要都是建立在本国科技实力基础上的，因此，高新技术产业开发区的选址和空间分布态势应该与各国高新技术资源的空间分布基本保持一致。而由于区位选择的不当，导致我国许多国家级高新技术产业开发区与其创新源脱离，从而成为高新技术产品生产的商业区和技术展示区，混同于一般的经济技术开发区的发展模式，并以房地产开发作为主要业务。同时内部创新创业环境建设薄弱，导致其自主开发能力不足，使许多国家高新技术产业开发区难以成为高新技术产业的沃土。我国相关学者在分析了美国高科技工业园选址特点后，提出了高新技术产业开发区选址的10条原则。根据这些选址因素，夏海钧运用模糊多因素、多层次综合评价方法和聚类分析法对53个国家高新技术产业开发区的区位条件进行了评价，认为区位条件良好的有北京、上海、南京等10个高新技术产业开发区，占总数的19%；区位条件一般的有济南、常州、青岛等13个高新技术产业开发区，占总数的24%。从地理分布上看，上述两大类高新技术产业开发区主要集中分布在珠江、长江三角洲和环渤海地区。区位条件不好和极差的有 30 个之多，占总数的 57%，其中大多数分布在中西部地区。即使是区位条件较好的国家级高新技术产业开发区，由于缺乏为高新技术产业服务的能力，不能强化各种要素的有机结合，同时，由于缺乏内部凝聚力，即使物理空间上近或邻，但近而不亲，邻而不合，都难以形成高新技术产业和企业的集聚。同时，由于高新技术产业发展过程中对人才、资本有相当大的倾向性，从而导致了高新技术企业较大的移动性，因此，高新技术产业开发区不仅要注重吸引高新技术企业，更为重要的，是要注重对这些公司的本土化和保留，使其不断根植、繁殖，并不断改善其创业、创新环境。

（4）考核指标对国家高新技术产业开发区的误导。

由于以往考核与评价指标体系的误导以及地方政府对于“政绩”的追求，使国家高新技术产业开发区的发展背离了规划的初衷，为开发而开发，成为典型的“数字化生存”。特别是国家高新技术产业开发区的评价指标中，一直以来都缺乏能够反映区域创新状况的指标，而只有少数宏观指标如技工贸总收入、税收和企业数量等指标。而这几个宏观指标与传统工业统计指标并无本质区别，而且重在反映园区的经济发展总量，在这样一个指标体系引导下，国家高新技术产业开发区很容易陷入传统经济区域的以量求胜的发展模式中去。同时，由于地方政府为加快发展步伐，往往把国家高新技术产业开发区吸引了多少跨国公司、多少外资企业作为显示其发展成就的政绩考核，使国家高新技术产业开发区陷入“抢项目、比产值、争规模”的低层次竞争。国家高新技术产业开发区就好比一个生态系统，附属企业和寄生企业的大量增加反而是“噪音过多”，影响其生态发育，因此，单纯采用 r 对策、以追求数量而忽视了高新技术产业开发区基本功能的完善与发展，无疑是错误的，这将导致我国国家级高新技术产业开发区的发展误入歧途。

从整体上看，我国国家级高新技术产业开发区系统健康状况在不断改善，这主要得益于我国国民经济的迅猛发展，但与此同时也应该看到我国国家级高新技术产业开发区在创新活力上欠佳，研发投入强度呈下降和低水平徘徊趋势，低质量的创新活力与目前的发展力度不相称，自主创新发展能力弱化，企业缺乏根植性，高新区的成长呈现脆弱性倾向。

5. 我国国家级高新技术产业开发区健康评价

从我国高新技术产业开发区系统的综合发展态势中可以看出，高新技术产业开发区系统健康状况整体处于不断提高的趋势，系统创新活力、组织结构和抵抗力都相对有一个较大的提高，但通过对25年来我国高新技术产业开发区发展历程的分析研究，可以看出，我国高新技术产业开发区系统研发投入比例呈现出低水平徘徊的特点，说明国家高新技术产业开发区总体的研发、孵化功能在不断趋于下降和弱化，科技与经济脱节、研发投入强度不足的问题并未解决，因此，不能忽视我国高新技术产业开发区系统现实功能与预设功能偏离的不健康现实，应该积极探索我国高新技术产业开发区的健康发展模式。

从本书研究和实践来看，生态系统与高新技术产业开发区系统之间存在着较多相似的特点和本质联系，生态系统健康原理在高新技术产业开发区系统健康研究中的运用，通过对高新技术产业开发区健康性的生态学特征分析、创新活力、创新组织结构及其创新功能正常发挥的研究，来探讨我国高新技术产业开发区企业的健康运行机制和生存策略等，这些研究为从生态学范式角度认识高新技术产业开发区系统和它的规律性提供了科学基础，同时也为借鉴生态学原理研究高新技术产业开发区管理提供了新的思路和分析框架。这样既丰富和完善了高新技术产业开发区的系统管理研究，又有助于唤起人们对我国高新技术产业开发区系统创新活力、创新组织结构、创新网络的恢复力等问题的关注，更是有助于诊断和把握我国高新技术产业开发区发展的系统状态，对促进我国高新技术产业开发区的可持续发展具有重要作用，同时，对于降低我国高新技术产业开发区内企业集聚的脆弱性，增强高新技术产业开发区内企业的衍生能力，充分实现高新技术产业开发区孵化器本质功能的动态特征，对我国高技术产业地带的形成，也具有重要的实践价值。

显然，高新技术产业开发区发展过程中诸多问题的解决，追根溯源，都要在管理模式和管理体制上去探求根源。因为只有管理模式和管理体制才是根本，也是基础。因此，应该加快我国高新技术产业开发区管理模式和管理体制的创新。具体体现在：（1）积极推进高新技术产业开发区立法，明确高新技术产业开发区及其管理委员会的法律地位；（2）推行“管理法制化，服务多元化”的政企关系；（3）加强企业与教育科研机构的联合，建立产学研一体化基地；（4）建立相对独立的、“封闭式”的、行使一级政府职能的行政区式管理体制，使高新技术产业开发区管理机构具备一定的行政管理职能，从而弱化政府对区内企业的直接管理，加强政府的服务性管理，以形成按市场经济运行的、高效的管理机制，同时又具有明确法律地位和合适到位的行政管理职能，提高我国高新技术产业开发区的行政管理效能和运行效率，推动我国高新技术产业的健康发展。

7.2 本书的创新点

本研究试图以高新技术产业开发区的健康状况作为分析的切

入点，从健康角度对我国高新技术产业开发区的建设进行综合分析。通过定性和定量分析的方法，从生态学的角度揭示高新技术产业开发区的发展特征，探索高新技术产业开发区的良性运行机制和健康发展规律，为实现高新技术产业开发区高技术成果商品化、产业化和国际化的基本目标提供科学的理论参考依据，同时对高新技术产业开发区健康评价指标体系、评价理论建设的完善具有一定的创新价值，尤其在对高新技术产业开发区的评价研究上弥补了前人所做工作的不足：

（1）提出了高新技术产业开发区健康概念并进行了健康性内涵的逻辑研究，并以高新技术产业开发区系统的稳定性、可持续性和整合性为目标，提出了包括高新技术产业开发区系统创新活力、组织结构、抵抗力在内的高新技术产业开发区健康评价的理论分析体系，丰富了高新技术产业开发区评价研究的理论和方法，并通过实证研究对提出的理论与方法的科学性、实用性进行验证。

（2）针对目前我国高新技术产业开发区系统不健康的现状及其造成这种状况的原因，运用生态学理念，通过具体探讨，构建了高新技术产业开发区系统健康评价框架，结合高新技术产业开发区健康性内涵，建立了反映高新技术产业开发区系统健康的指标体系，加强了纵向比较。具体涉及系统基本功能的三个方面：一是高新技术产业开发区系统的创新活力方面；二是高新技术产业开发区系统组织结构方面；三是高新技术产业开发区系统的抵抗力方面，并从理论和应用上进行验证，客观性较强，以定量指标为主，便于进行比较，为实现高新技术产业开发区的健康发展提供科学的参考依据。

（3）从生态学的角度探讨了高新技术产业开发区的健康维护对策。

本书提出了基于调整我国高新技术产业开发区基本功能偏离

的维护研究和基于提高我国高新技术产业开发区组织结构效率与抵抗内外胁迫能力的生态重组的健康维护研究。提出了高新技术产业开发区系统健康的生态调节由鲁棒调节、多样性调节构成，为解决高新技术产业开发区片面追求“数字增长”而忽视系统健康发展的问题，初步奠定了理论基础。

由于本研究具有很大程度的探索性，因而，所提出的一些理论概念、评价架构等，肯定还有许多不完善的地方，如评价中一些细节忽略问题被忽略了，“健康标准”的含义和确定还有继续探讨的空间。

7.3　高新技术产业开发区系统健康研究展望

目前，生态系统健康理论的研究仍然处于初级阶段，还没有形成其自身的一套完整的理论体系，因此，高新技术产业开发区系统健康研究具有很大的挑战性。由于缺乏完善的理论基础，因此，本书的研究尚处于起步阶段，需要进一步完善。

从本研究来看，未来高新技术产业开发区系统健康的发展方向具有以下几个方面：（1）高新技术产业开发区系统健康作为高新技术产业开发区系统管理的目标，要求高新技术产业开发区系统为我国高新技术及其产业化发展提供最大限度的、持续稳定的高技术服务，高新技术产业开发区系统的制度创新为其结构和功能多样性的维持提供了保障。高新技术产业开发区系统健康与我国高新技术及其产业化发展是高新技术产业开发区系统健康研究的一个重要方向。（2）从生态学、区域经济学、技术创新学、社会学、哲学等角度出发，如何理解和解释高新技术产业开发区系统健康，高新技术产业开发区系统健康作为一个社会目标，国家政策、法律法规如何影响高新技术产业开发区系统健康，以及如何应用高新技术产业开发区系统健康理论和方法来管理社会经济系统等。(3) 从事高新技术产业开发区系统健康研究首先要理解高新技术产业开发区系统的结构功能状况，如何度量高新技术产业开发区系统健康，采用哪些指标定性和定量地度量，如何评价高新技术产业开发区系统的健康程度等，这些都是高新技术产业开发区系统健康研究首先要解决、也是目前难以解决的问题。更是今后一个重要的研究方向。(4) 高新技术产业开发区系统健康理论的产生具有强烈的社会需求，因此，提高高新技术产业开发区系统健康理论的实践应用能力是今后研究中的一个重要方向。

参考文献

[1] 柳御林. 促进高新技术产业开发区发展的7大要素 [J]. 中国科技论坛, 2000 (5): 28-32.

[2] 张志宏, 王树海等. 中国火炬计划 [R]. 北京: 科学技术部火炬高技术产业开发中心, 2005.

[3] 钟书华. 科技园区管理 [M]. 北京: 科学出版社, 2005.

[4] 陈宏愚, 吴开松. 高新技术开发区软环境评估指标体系研究 [J]. 科技进步与对策, 2002 (12): 20-27.

[5] 黄鲁成. 区域技术创新生态系统的特征 [J]. 中国科技论坛, 2003 (1): 23-26.

[6] 孔红梅. 森林生态系统健康理论与评价指标体系研究 [D]. 中科院生态环境研究中心, 2002.

[7] 李日邦, 谭见安, 王五一. 中国环境——健康区域综合评价 [J]. 环境科学学报, 2000 (20): 157-163.

[8] 章家恩, 徐琪. 退化生态系统的诊断特征及其评价指标体系 [J]. 长江流域资源与环境, 1999, 18 (3): 215-220.

[9] 张丽平等. 生态学视野下的技术 [J]. 科学技术与辩证法, 2002 (2): 55-57.

[10] 尚玉昌, 蔡晓明. 普通生态学 [M] (上册). 北京: 北京大学出版社, 2000.

[11] 李子和. 高新技术产业开发区高新技术群落的优化效应 [J]. 科学学研究, 1999 (3): 80-84.

[12] 黄鲁成. 区域技术创新系统研究: 生态学的思考 [J]. 科学学研

究，2003 (2)：215 -219.

[13] 刘友金. 论集群式创新的组织模式 [J]. 中国软科学，2002 (2)：71 -75.

[14] 刘友金，黄鲁成. 产业集群的区域创新优势与我国高新技术产业开发区的发展对策 [J]. 中国工业经济，2001 (2)：33 -37.

[15] 罗发友，刘友金. 高新技术产业开发区形成与演化的行为生态学研究 [J]. 科学学研究，2004 (1)：99 -103.

[16] 何方. 生态学分类研究 [J]. 经济林研究，2001 (12)：30 -34.

[17] 黄理平. 生态学对21世纪社会的影响 [J]. 理论前沿，2001 (6)：18 -19.

[18] 曹学军. 环境与发展问题的最终解决方案 [J]. 国外科技动态，2000 (11)：15 -16.

[19] 吴彤. 技术生态学的若干问题 [J]. 科学管理研究，1994 (8)：55 -60.

[20] 史津. 当代城市研究的生态学方法 [J]. 天津城市建设学院学报，1998 (4)：39 -44.

[21] 贾东桥. 法制建设的生态学思考 [J]. 法学，2002 (2)：18 -22.

[22] 李西建. 美学的生态学时代 [J]. 陕西师范大学学报，2002 (3)：24 -27.

[23] 郭秀锐等. 城市可持续发展的生态学分析 [J]. 城市环境与城市生态，2002 (10)：26 -28.

[24] 樊耘等. 组织学习的困境、对策及生态学解释 [J]. 科研管理，2002 (4)：102 -107.

[25] 孙伟，黄鲁成. 产业群的类型与生态学特征 [J]. 科学学与科学技术管理. 2002 (7)：94 -97.

[26] 张伟峰，杨选留. 技术创新：一种创新网络视角研究 [J]. 科学学研究，2006 (2)：38 -42.

[27] 黄鲁成. 区域技术创新生态系统的特征 [J]. 中国科技论坛，2003 (1)：23 -26.

[28] 赵总宽. 数理辩证逻辑导论 [M]. 北京：中国人民大学出版社，1995.

[29] 韩博平. 生态系统稳定性：概念及其表征 [J]. 华南师范大学学报（自然科学版），1994 (2).

[30] 周集中，马世骏. 生态系统的稳定性 [A]. 北京：科学出版社. 现代生态学透视 [C]. 北京：科学出版社，1990.

[31] 黄本笑. 科技进步与区域发展 [M]. 武汉：武汉大学出版社，2002.

[32] 冯之浚. 循环经济导论 [M]. 北京：人民出版社，2004.

[33] 宋旭光. 可持续发展测度方法的系统分析 [M]. 大连：东北财经大学出版社，2003.

[34] 朱祖平等. 创新新视野——企业、产业、区域系统的量化研究 [M]. 北京：经济科学出版社，2004.

[35] 尚玉昌，蔡晓明. 普通生态学 [M]（下册）. 北京：北京大学出版社，2000.

[36] 吴林海. 中国科技园区域创新能力理论分析框架研究 [J]. 经济学家，2001 (3)：23-28.

[37] 马克平. 生物群落多样性的测度方法 a 多样性的测度方法 [J]（上）. 生物多样性，1994，2 (3)：162-168.

[38] 胡珊. 生态系统可持续性的一个测度框架 [J]. 应用生态学报，1997，8 (2)：37-45.

[39] 尚玉昌，蔡晓明. 普通生态学 [M]. 北京：北京大学出版社，1992.

[40] 赵平，彭少麟，张经炜. 生态系统的脆弱性与退化生态系统 [J]. 热带亚热带植物学报，1998，6 (3)：179-186.

[41] 周红章，于晓东. 物种多样性变化格局与时空尺度 [J]. 生物多样性，2000，8 (3)：325-336.

[42] 刘增文，李雅素. 生态系统稳定性研究的历史与现状 [J]. 生态系统杂志，1997，15 (2)：58-61.

[43] 黄建辉，韩兴国．生物多样性和生态系统稳定性 [J]．生物多样性，1995，3 (1)：31－37.

[44] 赵志模，郭依泉．群落生态学原理与方法 [M]．重庆：中国科学技术出版社重庆分社，1990.

[45] 谢宗强，陈伟烈．中国特有植物银杉的濒危原因及保护对策 [J]．植物生态学报，1999，23 (1)：1－7.

[46] 2004年国家高新技术产业开发区综合发展报告．http：//www.sts.org.cn/tjbg/gjscy/documents/2005/051107.htm.

[47] 科技部火炬高技术产业开发中心．中国火炬计划统计资料 [Z]．北京：2003.

[48] 陈建明．中国开发区建设——理论与实践 [D]．复旦大学博士学位论文，1998.

[49] 吴燕，陈秉钊．科技园区的合理规模研究 [J]．城市规划汇刊．2004 (6)：78－82.

[50] 皮黔生．论中国开发区的孤岛效应及其第二次创业 [D]．南开大学博士学位论文，1999.

[51] 代帆．我国高新技术产业开发区管理模式比较研究 [J]．科学管理研究，2001 (4)：26－29.

[52] 方兴东，蒋胜蓝．中关村失落 [M]．北京：中国海关出版社，2004.

[53] 吴长年，魏婷．开发区生态系统健康研究——以苏州高新技术产业开发区为例 [J]．四川环境，2005 (6)：54－58.

[54] 张淑谦，黄鲁成．高新技术产业开发区健康评价研究的生态学分析 [J]．经济问题探索，2006 (11)：58－63.

[55] 周元，王维才．我国高新技术产业开发区阶段发展的理论框架 [J]．经济地理，2003 (4)：451－456.

[56] 张庭伟．高科技工业开发区的选址及发展——美国经验介绍 [J]．城市规划，1997 (1)：47－49.

[57] 夏海钧．中国高新技术产业开发区发展研究 [D]．暨南大学博

士学位论文，2001.

[58] 梁山，赵金龙，葛文光. 生态经济学 [M]. 北京：中国物价出版社，2002.

[59] 江明. 产业集群生态相研究 [D]. 上海：复旦大学博士学位论文，2004.

[60] 王新佳. 高新技术产业开发区不能"边缘化" [N]. 中国高新技术产业导报，2004-08-10.

[61] 汪东. 结合硅谷模式谈我国高新技术开发区建设中应注意的几个问题 [J]. 未来与发展，2003 (3)：30-32.

[62] 吴敬琏. 制度重于技术 [M]. 北京：中国发展出版社，2002.

[63] 仲量联创. 跨国企业在中国：何时，何地，为何 [Z/OL]. http://www.joneslanglasalle.com.cn/zh-cn.

[64] 李翅. 以社区理念构筑科技创新环境 [J]. 城市规划，2005 (1)：93-96.

[65] 柳御林. 促进高新技术产业开发区发展的7大要素 [J]. 中国科技论坛，2000 (5).

[66] 黄鲁成. 区域技术创新生态系统的调节机制 [J]. 系统辩证学学报，2004. Vol. 12, No. 2：68-71.

[67] 张淑谦，黄鲁成. 面向可持续发展的高新技术产业开发区健康评价理念 [J]. 科学管理研究，2006 (4)：49-52.

[68] McMichael, A. J. 1997. Global Environmental Change and Hunan Health: Impact Assessment, Population Vulnerability, Research Priorities. Ecosystem Health, 3, 200-210.

[69] Smol, J. P. 1992. Paleolimnology: An Important Tool for Effective Ecosystem Management. Journal of Aquatic Ecosystem Health, 1 (1): 49-59.

[70] Schaeffer, D. J., Herricks, E. E. and Kerster, H. W. 1988. Ecosystem Health-Measuring Ecosystem Health. Environmental Management, 12: 445-455.

[71] Rapport, D. J. 1989. What Constitute Ecosystem Health? Perspect

Biol. Med., 33: 120 - 132.

[72] Leopold, A. 1941. Wilderness as a Land Laboratory. Living Wilderness, 6 (July): 3.

[73] Rapport, D. J. 1995. Ecosystem Health: An Emerging Integrative Science, In Rapport, D. J., Calow, P., Gauder, C. (eds.) Evaluating and Monitoring the Health of Large-Scale Ecosystems. Springer-Verlag, New York.

[74] Kay, J. J. 1993. A Non-Equilibrium Framework for Discussing Ecosystem Integrity. Environmental Management, 15 (4): 483 - 495.

[75] Keddy, P. A., Lee, H. T. and Wishiu, I. C. 1993. Choosing Indicators of Ecosystem Integrity: Wetlands as a Model System. In Ecological Integrity and the Management of Ecosystems, eds, S. Woodley, J., Kay & G. Francis, St. Lucie Press, Delray Beach, FL.

[76] Callicott, J. B. 1995. The Value of Ecosystem Health. Environmental Values, 4: 345 - 361.

[77] Callow, P. 1995. Ecosystem Health—A Critical Analysis of Concepts. In Rapport, D. J., Calow, P., Gauder, C. (eds.) Evaluating and Monitoring the Health of Large-Scale Ecosystems. Springer-Verlag, New York.

[78] Hill, A. R. 1975. Ecosystem Stability in Relation to Stresses Caused by Human Activities. Canada. Geographer, 19 (3): 206 - 220.

[79] Poole, R. W. 1974. An Introduction to Quantitative Ecology, McGraw Hill, New York.

[80] Connell, J. H., Wand, P. S. 1983. On the Evidence Needed to Judge Ecological Stability or Persistence. American Naturalis, 121: 789 - 824.

[81] Williams, J. R., Jones, C. A., and Dykep, T. 1984. A Modeling Approach to Determining the Relationship between Erosion and Soil Productivity. Trans. ASAE, 27: 129 - 144.

[82] Kerr, S. R., Dickie, L. M. 1984. Measuring the Health of Aquatic Ecosystem. In Levin S. A., et al. (eds.) Ecotoxicology: Problems and Approaches. Springer-Verlag, New York.

[83] Pimm, S. L. 1984. The Complexity of Ecosystem Development. Nature, 307: 321 - 326.

[84] Parton, W. G. , Schimel, D. S. , Cole, C. V. , et al. 1987. Analysis of Factors Controlling Soil Organic Matter Level in Great Plains Grasslands. Soil Sci. Am. J. , 51: 1173 - 1179.

[85] Kevan, P. G. , Greco, C. F. and Belaoussoff, S. 1997. Log-Normality of Biodiversity and Aboundance in Diagnosis and Measuring of Ecosystem Health: Pesticide Stress on Pollinators on Blueberry Health. Journal of Applied Ecology, 34: 1122 - 1136.

[86] Ferguson, B. L. 1994. The Concept of Landscape Health. Journal of Environmental Management, 40: 129 - 137.

[87] World Resources Institute. 1992. World Resources 1992 - 1993. : A Guide to the Global Environment. Oxford University Press, Oxford.

[88] Costanza, R. 1992. Toward an Operational Definition of Ecosystem Health. In Costanza, R. , Norton, B. , and Haskell, B. D. (eds). Ecosystem Health: New Goals for Environgmental Management. Island Press, Washington. D. C.

[89] Ferguson, B. L. 1996. The Maintenance of Landscape Health in the Midst of Land Use Change. Journal of Environmental Management, 48: 387 - 395.

[90] Woodley, S. 1993. Monitoring and Measuring Ecosystem Integrity in Canadian National Parks. In Woodley, S. , Francis, G. and Kay, J. J. (eds.) Ecological Integrity and the Management of Ecosystems. St. Lucie Press, Delray Beach, Florida.

[91] Furness, R. W. and Green Wood, J. D. 1993. Birds as Monitors of Environmental Change. Chapman and Hall, New York.

[92] Kimmins, J. P. 1996. The Health and Integrity of Forest Ecosystems: Are they Threatened by Forestry ? Ecosystem Health, 2: 5 - 18.

[93] Welcomme, R. L. 1999. A Review of a Model for Qualitative Evalua-

tion of Exploitation Levels in Multi-Species Fisheries. Fisheries Management and Ecology, 6: 1 – 19.

[94] Haskell, B. D., Norton B. G., and Costanza R. 1992. What is Ecosystem Health and Why Should We Worry About it? In Constanza, R., Norton, B. G. and Haskell, B. D. (eds.) Ecosystem Health: New Goals for Environment Management. Washington, D. C.: Island Press.

[95] Franklin, J. F. 1993. Lessons from Old Growth. Journal of Forestry, 91: 11 – 13.

[96] Qi, Y., Hall C. A. S. 1995. Biosphere Model I in Research on Global Change: Modeling Primary Productivity In Li BO ed. Lectures on Modern Ecology, Beijing: Science Press.

[97] Gaudet, C. L., Wong, M. P., Brady, A., Kent, R. 1997. The Transition from Environmental Quality to Ecosystem Health. Ecosystem Health, 3: 3 – 10.

[98] Vitousek, P. M., Mooney, H. A., Lubchenco, J., Melillo, J. M. 1997. Human Domination of Earth's Ecosyetems. Science, 277: 464 – 499.

[99] Whitford, W. G., Rapport, D. J., and Groothousen, R. M. 1996. The Central Rio-Grade Valley-Organizing and Interpreting Ecosystem Health Assessment Data. GIS World, 9: 60 – 62.

[100] Rapport, D. J., Bohm, G., Buckingham, D., et al. 1999. Ecosystem Health: The Concept, the ISEH, and the Important Tasks Ahead. Ecosystem Health, 5: 104 – 109.

[101] Huston, M. A. 1994. Biological Diversity, the Coexistence of Species on Changing Landscapes. Cambridge: Cambridge University Press.

[102] Cairns, J. Jr., Pratt, J. R. 1995. The Relationship between Ecosystem Health and Delivery of Ecosystem Services. In Rapport, D. J., Calow, P., Gauder, C. (eds.) Evaluating and Monitoring the Health of Large-Scale Ecosystems. Spinger-Verlag, New York.

[103] UNEP. 1995. Global Biodiversity Assessment. Cambridge Universi-

ty Press. Cambridge.

[104] Aguilar, B. J. 1999. Applications of Ecosystem Health for the Sustainability of Managed Systems in Costa Rica. Ecosystem Health, 6: 36 –48.

[105] Suter, G. W. 1993. A Critique of Ecosystem Health Concepts and Indexes. Environmental Toxicology and Chemistry, 112: 1533 –1539.

[106] Costanza R. 1998. Special Section: Forum on Valuation of Ecosystem Services The Value of Ecosystem Service Ecology Economics, 25: 1 –2.

[107] Rapport, D. J., What Constitutes Ecosystem Health Perspectives in Bio and Med 1989, 33: 120 –132.

[108] Tilman, D. 1996. Biodiversity: Population Versus Ecosystem Stability. Ecology, 77 (2): 350 –363.

[109] Costanza R., Norton, B. G., and Haskell, B. D. 1992. Ecosystem Health: New Goals for Environment Management. Washington, DC: Island Press.

[110] Rapport, D. J. 1992a. Evaluating Ecosystem Health. Journal of Aquatic Ecosystem Health, 1: 15 –24.

[111] Richlefs, R. E. 1973. Ecology, London: Nelson and Sons.

[112] Norton, B. G. 1992. A New Paradigm for Environmental Management. In Costanza, R., Norton, B., Haskell, B. (eds.) Ecosystem Health-New Goals for Environmental Management. Island Press, Washington. D. C.

[113] Schindler, D. W. 1994. Challenges in Diagnosing the Health of Aquatic Ecosystems. Abstr. Int. Symp. On Ecosystem Health and Medicine, 1st: Integrating Science, Policy, and Management, 19 – 23. June 1994, ed. Costanza, R. and Rapport, D. J. University of Guilph, Ottawa.

[114] Woodley, S., Kay, J., Francis, G. 1993. Ecological Integrity and the Management of Ecosystems. St. Lucie Press, Delray Beach, Florida.

[115] Mageau, M. T., Costanza, R., Ulanowicz, R. E. 1995. The Development and Initial Testing of a Quantitative Assessment of Ecosystem Health. Ecosystem Health, 1 (4): 202 –213.

[116] Rapport, D. J. 1998b, Defining Ecosystem Health. In Rapport, D. J. , Costanza, R. , Epstein, P. R. , Gauder, C. and Levins, R. (eds.) Ecosystem Health. Blackwell Sciences, Malden.

[117] Corvalan, C. , Briggs, D. , Ziehuis, G. 2000. Decision-Making in Environmental Health. London: E & FNSJPON.

[118] Cairns, J. , McCormick, P. V. and Niederlehner, B. R. 1993. A Proposed Framework for Developing Indicators of Ecosystem Health. Hydrobiologia, 263: 1 -44.

[119] Karr, J. R. 1987. Biological Monitoring and Environmental Assessment: A Conceptual Framework. Environmental Management, 11: 249 -256.

[120] Rapport, D. J. 1998a. Need for a New Paradigm. In Rapport D. J. , Costanza R. , Epstein, P. R. , Cauder, C. and. Levins, R. (eds.) Ecosystem. Health. Blackwell Sciences, Malden.

[121] Allen, E. 2001. Forest Health Assessment in Canada. Ecosystem Health, 7: 28 -34.

[122] Stone, C. , Old, K. , Kile, G. , Coops, N. 2001. Forest Health Monitoring in Australia, National and Regional Commitments and Operational Realities. Ecosystem Health, 7: 47 -58.

[123] Yazvenko, S. , Rapport, D. J. 1996. A Framework for Assessing forest Ecosystem Health. Ecosystem Health, 2: 40 -51.

[124] O'Laughlin. 1996. Forest Ecosystem Health Assessment Issues: Definition, Measurement and Management Implications. Ecosystem Health, 2: 19 -39.

[125] Pietro, B. 2001. Assessing Landscape Health: A Case Study from Northeastern Italy. Environmental Management, 27: 349 -365.

[126] Patil, G. P. and Myerst, W. L. 1999. Environmental and Ecological Health Assessment of Landscapes and Watersheds. With Remote Sensing Data. Ecosystem Health, 5: 221 -224.

[127] O'Connor, R. J. , Walls, T. E. and Hughes, R. M. , 2000. Using

Multiple Taxonomic Groups to Index the Ecological Condition of Lakes. Environmental Monitoring and Assessment, 61: 207 – 228.

[128] Rapport, D. J., Regier, H. A., Hutchinson, T. C. 1985. Ecosystem Behavior under Stress. American Naturalist, 125: 617 – 640.

[129] Karr, J. R. 1993b. Measuring Biological Integrity: A Long-Neglected Aspect of Water Resource Management. Ecology. Appl., 1: 66 – 84.

[130] Cairns, J., McCormick, P. V. and Niederlehner, B. R. 1993. A Proposed Framework for Developing Indicators of Ecosystem Health. Hydrobiologia, 263: 1 – 44.

[131] R. Costanza. 1998. Special Section: Forum on Valuation of Ecosystem Services the Value of Ecosystem Services Ecological Economics, 25: 1 – 2.

[132] Turner, M. G., Costanza, R., Sklar, F. H. 1989. Methods to Compare Spatial Patterns for Landscape Modeling and Analysis. Ecological Modelling, 48: 1 – 18.

[133] Minns, C. K., Moore, J. K. 1992. Use of Models for Integrated Assessment of Ecosystem Health. Journal of Aquatic Ecosystem Health, 1: 109 – 118.

[134] Odum, E. P. 1969. The Strategy of Ecosystem Development. Science, 164: 262 – 270.

[135] Xu, F. L., Joergensen, S. E., Tao, S. 1999. Ecological Indicators for Assessing Freshwater Ecosystem Health. Ecological Modelling, 116 (1): 77 – 106.

[136] Milton, S. J., Dean, W. R. J., DuPlessis, M. A., Siegfried W. R. 1994. A Conceptual Model of Arid Rangeland Degradation. Bio-Science, 44: 70 – 76.

[137] Bowonder, B. 2000. Technology Management: A Knowledge Ecology Perspective. Int. J. Technology Management, Vol. 19, Nos. 7/8, 644 – 683.

[138] Barron, D. N. 2001. Organizational Ecology and Industrial Economics. Industrial and Corporate Change, V10 N2, 541 – 548.

[139] Eryomin, Alexei L. 1998. Information Ecology – A Viewpoint. International Journal of Environmental Studies, V54 N3 –4, 534 –540.

[140] Cristoforo S. Bertuglia, Silvana Lombardo, Peter Nijkamp. 1997. Innovation in Space & Tome. Advances in Spatial Science Series. Berlin and New York. Springer.

[141] Athreye Suma S. 2001. Competition, Rivalry and Innovative Behaviour. Economics of Innovation & New Echnology, 10 (1).

[142] Claver Enrirque, Llopis Juan. 1998. Organization & Culture for Innovation and New Technological Behaviour. High Technology Management Research, 9 (1).

[143] Camagni R. 1991. Local Milieu, Uncertainty and Innovation Networks Towards a New Dynamic Theory of Economic Space. R. Camagni. Innovation Networks. London: Belhaven Press, 121 –144.

[144] Powell W, Koput K, Smith-Doerr L. 1996. Interorganizational Collaboration and the Locus of Innovation: Networks of Learning in Biotechnology. Administrative Science Quanterly, 41: 116 –145.

[145] Chesnais F. 1996. Technological Agreements, Networks and Selected Issues in Economic Theory. Coomb, R., Richards, A., Saviotti, P. Paolo, Walsh, V. Technological Collaboration. Edward Elgar Publishiing, 18 –23.

[146] Nelson, R.. R. and Winter, S. G. 1982. An Evolutionary Theory of Economic Change, Harvard University Press, Cambridge.

[147] Ziman, John. 2000. Technological Innovation as an Evolutionary Process. Cambridge University Press.

[148] Costanza, R. 1992. Toward an Operational Definition of Ecosystem Health. In Costanza, R., Norton, B., and Haskell, B. D. (eds.) Ecosystem health: New Goals for Environmental Management. Island Press, Washington D. C.

[149] Rapport, D. J. 1998b, Defining Ecosystem. Health. In. Rapport, D. J., Costanza, R., Epstein, P. R., Gauder, C. and Levins, R. (eds.) Ecosystem Health. Blackwell Sciences, Malden.

[150] Holling, C. S. 1973. Resilience and Stability of Ecological Systems. Annual Review of Ecology and Systematic, 4: 1 -23.

[151] Holling, C. S. 1992. Cross-Scale Morphology, Geometry and Dynamics of Ecosystems Ecological Monographs, 62: 447 -502.

[152] Zadeh. 1969. System Theory. New York: McGraw-Hill.

[153] Soule, M. E. 1991. Conservation: Tactics for a Monstant Crisis. Science, 253: 744 -750.

[154] Costanza R., Norton, B. G. and Haskell, B. D. 1992. Ecosystem Health: New Goals for Environment Management. Washington, D. C.: Island Press.

[155] Rapport, D. J., et al. 1995. Evaluating and Monitoring the Health of Large-scale Ecosystem [M]. New York: Spring-Verlag.

[156] Marco Iansiti and consultant Roy Levien. 2004. Strategy as Ecology-Creating Value in Your Business Ecosystem. Harvard Business Review, Vol. 82, No. 3, March.

[157] Lieth, H. F., Box. C. 1972. Modeling the Primary Productivity of the World. Nature and Resources, 8 (2): 5 -10.

[158] D. J. Rapport. 1989. What Constitutes Ecosystem Health Perspectives in Bio and Med, 33: 120 -132.

[159] D. J. Rapport, Whitford W. G. 1989. How Ecosystem Respond to Stress: Common Properties of Arid and Aquatic System Bioscience, 49: 193 -203.

[160] Papport, D. J. 1989. What Constitutes Ecosystem Health? Perspect Biol. Med., 33: 120 -132.

[161] Noss, R. F. 1990. Indicators for Monitoring Biodiversity: A Hierarchical Approach. Conserv. Biol., 4: 355 -364.

[162] Tilman, D. and Downing, J. A. 1994. Biodiversity and Stability in Grasslands. Nature, 367: 363 -365.

[163] Margalef, R. 1975. Diversity, Stability and Maturality in Natural

Ecosystems. In: Dobben, W. H. , Lowe, Mcconnell, R. H. , (eds.) Unifying Concepts in Ecology, W. Ageningen: Centre of Agricultural Publishing and Documentation.

[164] Cairns, J. Jr. and Bidwell, J. R. 1996. Discontinuities in Technological and Natural Systems Caused by Exotic Species. Biodiversity and Conservation, 5: 1085 – 1094.

[165] Grandpre, D. L. and Bergeron, Y. 1997. Diversity and Stability of Understory Communities Following Disturbance in the Southern Boreal forest. Journal of Ecology, 86: 777 – 784.

[166] Tilman, D. and Downing, J. A. , 1994. Biodiversity and Stability in Grasslands. Nature, 367: 363 – 365.

[167] Kevan P G, Greco C. F. 1997. Biodiversity And Abundance in Diagnosis and Measuring of Ecosystem Health: Pesticide Stress on Pollinators on Blueberry Heaths. Journal of Applied Ecology, 34: 1122 – 1136.

[168] MacArthur, R. H. 1957. On the Relative Abundance of Bird Species. Pro. Nat. Acad. Sco. Wash, 43: 293 – 295.

[169] Westman, W. E. 1978. Measuring the Inertia and Resilience of Ecosystems. Bioscience, 28: 705 – 710.

[170] Whitford, W. G. , Rapport, D. J. , and Desoyza, A. G. 1999. Using Resistance and Resilience Measurements for "Fitness" Tests in Ecosystem Health. Journal of Environmental Management, 57: 21 – 29.

[171] Grandpre, D. L. and Bergeron, Y. 1997. Diversity and Stability of Understory Communities Following Disturbance in the Southern Boreal Forest. Journal of Ecology, 86: 777 – 784.

[172] Marco Iansiti and Consultant Roy Levien, Strategy as Ecology-Creating Value in Your Business Ecosystem. Harvard Business Review, Vol. 82, No. 3, March 2004.

[173] Reid, W. V. , McNeely, J. A. , Tunstall, D. B. , Bryant, D. A. and Winograd, M. 1993. Biodiversity Indicators for Policy-Makers. World Re-

sources Institute, Washington, DC.

[174] Rapport D. J., Ecosystem Health. Oxford: Blackwell Science, Inc, 1998: 1 - 36.

[175] Cech, J. J. 1998 Multiple Stresses in Ecosystems. Boston: Lewis Publishers: 35 - 132.

[176] Rapport, D. J, Costanza R. McMichael A. J. 1998. Assessing Ecosystem Health. Trends in Ecosystem & Evolution, 13: 397 - 402.

[177] Odum, E. P. 1985. Trends Expected in Stressed Ecosystems. BioScience, 35: 419 - 422.

[178] Rapport, D. J. 1999. Gaining Respectability: Development of Quantitative Mathods in Ecosyetem Health. Ecosystem Health, 5, 1 - 2.

[179] Rapport, D. J., Gaudet, C., Karr, J. R., et al., 1998a. Evaluating Landscape Health: Integrating Societal Goals and Biophysical Process. Journal of Environmental Management, 53 (1): 1 - 15.

[180] Rapport, D. J., Constanza, R. and McMichael, A. J. 1998b. Assessing Ecosystem Health Trends in Ecology & Evolution, 13 (10): 397 - 402.

[181] Constanza, R., Michael, M., Norton, B., and Pattern, B. C. 1998. Predictors of Ecosystem Health. In Rapport, D. J., Constanza, R., Epstein, P. R., Gauder, C. and Levins, R. (eds.) Ecosystem Health. Blackwell Sciences, Malden.

[182] Costanza, R., and Patten, B. C. 1995. Defining and Predicting Sustainability. Ecological Economics, 15: 193 - 196.

[183] Rapport, D. J. 1999. Gaining Respectability: Development of Quantitative Methods in Ecosystem Health. Ecosystem Health, 5: 1 - 2.

[184] Graedel T. E, Allenby B R. 1995. Industrial Ecology. Englewood Cliffs: Prentice Hall.

致 谢

本书是基于我博士期间的研究项目完成的，在项目进展过程中，曾经得到了我的恩师——北京工业大学黄鲁成教授的耐心指导，使项目得以顺利完成。随后，在书稿的选题、写作、修改直至最终定稿完成的过程中，都伴随有恩师黄鲁成教授的悉心帮助和鼓励，每一步都凝结着导师的心血。一直以来，恩师的学者风范、高瞻远瞩的学术目光、严谨求实的治学风格、废寝忘食的工作态度都深深地印在了我的脑海中，不断地影响着我，激励着我在研究中不断探索，恩师就是我的楷模。在本书出版之际，谨向尊敬的恩师致以深深的敬意和诚挚的感谢！

真诚感谢北方工业大学经济管理学院的吴永林教授、赵继新教授、张欣瑞教授、张铁山教授、郑强国博士，他们在我书稿写作的各个阶段都给予了我热情的帮助、指导和鼓励！

在书稿写作期间，不断得到其他各位同仁和朋友的热心帮助与鼓励，特别是北方工业大学经济管理学院工商管理系管理学科群的老师们，是他们给了我温暖而无私的帮助，为我书稿的完成提供了有力的支持，在此向他们致以深深的敬意与感谢！

在国家科技部火炬高技术产业开发中心收集数据资料期间，曾经得到了统计处领导和同仁的热心帮助，在此表示衷心的感谢！特别感谢张志宏主编、王树海处长，他们不仅为我创造了很多的研究机会，提供了丰富的数据资料，还给予了我热情的指导。

特别感谢我八十岁高龄的父母，他们勤奋、踏实的做事风格是我人生中最大的财富，本书的出版，也会让我的父母更加开心！感谢我亲爱的女儿佳琪，她给予我的理解和支持，是我最坚实的后盾，使我能够在一次次的困难面前毅然地继续努力并认真完成了书稿的写作，感谢我的至亲！

诚挚感谢经济科学出版社的张频老师及其他工作人员的帮助和支持，你们的热心敦促是我的研究得以最终出版的直接推动力！

再次向所有帮助和关心我的师长、同仁、亲人、朋友致以最衷心的感谢！

张淑谦

2016年12月

图书在版编目（CIP）数据

基于生态视角的高新技术产业开发区健康管理研究/张淑谦著．—北京：经济科学出版社，2018.6

ISBN 978-7-5141-7674-2

Ⅰ.①基…　Ⅱ.①张…　Ⅲ.①高技术产业区-生态管理-研究-中国　Ⅳ.①X321.2

中国版本图书馆CIP数据核字（2016）第322943号

责任编辑：张　频
责任校对：王肖楠
责任印制：李　鹏

基于生态视角的高新技术产业开发区健康管理研究

张淑谦　著

经济科学出版社出版、发行　新华书店经销

社址：北京市海淀区阜成路甲28号　邮编：100142

总编部电话：88191217　发行部电话：88191540

网址：www.esp.com.cn

电子邮箱：esp@esp.com.cn

天猫网店：经济科学出版社旗舰店

网址：http://jjkxcbs.tmall.com

北京季蜂印刷有限公司印装

710×1000　16开　12印张　150000字

2018年6月第1版　2018年6月第1次印刷

ISBN 978-7-5141-7674-2　定价：38.00元

（图书出现印装问题，本社负责调换。电话：010-88191510）